图解激光加工实用技术

——CO_2 与 Fiber 激光加工要点

（第 2 版）

［日］金岡 優　著
郭澄若　等译

扫码看数字资源

北　京
冶 金 工 业 出 版 社
2022

北京市版权局著作合同登记号　图字：01-2021-5279 号

图书在版编目(CIP)数据

图解激光加工实用技术．CO_2 与 Fiber 激光加工要点/(日)金岡優著；郭澄若等译．—2 版．—北京：冶金工业出版社，2022.5
ISBN 978-7-5024-9094-2

Ⅰ.①图…　Ⅱ.①金…　②郭…　Ⅲ.①激光加工—图解　Ⅳ.①TG665-64

中国版本图书馆 CIP 数据核字(2022)第 046547 号

图解激光加工实用技术——CO_2 与 Fiber 激光加工要点

出版发行	冶金工业出版社	**电　话**	(010)64027926
地　址	北京市东城区嵩祝院北巷 39 号	**邮　编**	100009
网　址	www.mip1953.com	**电子信箱**	service@mip1953.com

责任编辑　郭冬艳　宋　良　美术编辑　彭子赫　版式设计　郑小利
责任校对　梅雨晴　责任印制　禹　蕊
三河市双峰印刷装订有限公司印刷
2013 年 9 月第 1 版，2022 年 5 月第 2 版，2022 年 5 月第 1 次印刷
880mm×1230mm　1/32；6.75 印张；198 千字；204 页
定价 69.00 元

投稿电话　(010)64027932　投稿信箱　tougao@cnmip.com.cn
营销中心电话　(010)64044283
冶金工业出版社天猫旗舰店　yjgycbs.tmall.com
(本书如有印装质量问题，本社营销中心负责退换)

译者的话

《图解激光加工实用技术》是日本三菱电机株式会社激光部的高级技师金冈优博士，以其从事激光加工技术研究和实践30年的丰富经验和积累的实验数据推出的心得。该书2013年在我国首次出版后，对从事激光切割加工工作的技术人员以及操作工人提供了一定的参考和帮助。随着激光器技术的不断发展，激光切割机的光源从大量使用 CO_2 激光发生器转变为大量使用光纤激光发生器，并得到金属加工企业的普遍接受。因不同种类的激光在加工金属时，其机理和加工效果不尽相同，为了能够进一步向从事激光切割加工工作的技术人员以及操作工人提供不同光源的切割机的加工差异和效果等方面的参考，第2版在第1版的基础上，经原著作者授权增加了光纤激光切割机的加工内容，同时提供了各种加工状态的影像资料，用以增加读者的直观感受和进行实际加工状态效果的对比。

为本书的翻译和出版，名古屋制作所的高田长德先生和中村燕女士等给予了极大的支持和帮助，在此表示衷心的感谢。

译　者

2022年1月

第 1 版前言

首先需要说明的是，本书所论述的“激光加工”主要是指激光在金属加工领域中运用最为广泛的“激光切割加工”。起初，也曾考虑过介绍些激光在其他领域的加工方法，但为了能在技术上进行更深层次的挖掘，在此特对用途加以限定，仅对“切割”现象集中进行剖析。

聚焦于极小光点、能量密度极高的激光运用在加工上时，表现出多种多样与其他加工法所不同的优势。激光加工的优势得到充分发挥的加工领域有：切割、钻孔、焊接、热处理等，这些加工都是只需对被加工物表面的激光能量密度或辅助气体压力等参数进行调整便可进行操作。

之前也曾于 1999 年通过日刊工业新闻社出版过拙著《機械加工現場診斷シリーズ⑦ レーザ加工》（中文版《激光加工》于 2005 年由机械工业出版社出版），主要是面向激光加工的工作现场，为现场工作人员介绍加工必备信息，出版后收到了海内外众多的读者来信，其中有些读者希望能用图解来代替文字讲解，也有些读者希望能对基本现象进行更详细的讲解，以便灵活运用，提高实用性。如此种种需求，主要是由于当用户在实际操作中出现问题时，仅靠一般的设备说明书或厂家提供的数据，不足以应对类似问题并加以解决。有鉴于此，我欣然应允了日刊工业新闻社的奥村功氏和新日本编辑规划的饭岛光雄氏的图解系列稿约。

在本书中，我根据自己20多年来从事加工技术工作的经验，对激光切割现象产生的原理进行了详细的讲解。其中有关加工原理方面的论述多属我个人见解，相信此领域中经验丰富的各位有识之士可能会持有不同意见，本人衷心希望能借本书出版发行之机得到各方指教，为激光加工提供更为广泛的讨论契机。

书中所举事例主要是从实际使用激光加工机的用户所提出的问题中筛选出来的，尽可能忠实地再现原提问的内容，以专题的形式进行了归纳总结。

编写中力求做到对各种现象的讲解论述配以图解形式进行说明，尽量采用分条叙述形式以求论述简明易懂，但还会存在些费解之处，读者可结合图例解决实际操作问题。受本人绘图能力所限，书中如有不尽如人意之处，还望读者谅解。

本书若能为有意更深理解激光切割现象、挑战各种加工难题的人士提供些许帮助，自当不胜荣幸。

最后，谨向为本书的出版给予大力支持与帮助的新武机械贸易股份有限公司的天满浩四郎先生、三菱电机自动化中心的郭澄若先生表示衷心的感谢。

金岡　優

2013年1月

目　录

第1章

加工现象的基础

在了解激光的切割技术之前，首先需要熟悉与激光加工密切相关的专业术语以及一些基本加工现象。例如，金属因吸收激光辐射而熔化，铁因氧气的助燃而燃烧，熔化的金属因辅助气体的喷射而被从切缝中排出等，这些都是最为基础的激光加工现象。

(参看插件 1.0-0)

1.1 影响激光加工性能的要素

图1-1和图1-2中显示的是影响激光加工性能的各主要因素。加工性能的提高，离不开对这些要素的优化。

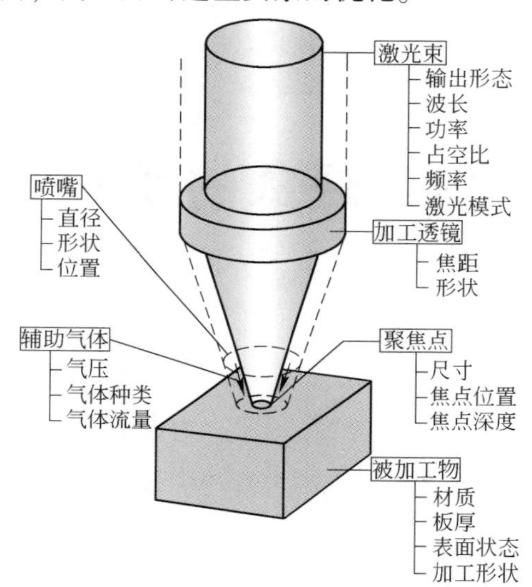

图1-1 影响激光加工性能的要素

（1）与激光束相关的要素。激光的输出形态中包含连续输出CW模式和脉冲模式两种。加工材料对激光束的吸收特性将受激光波长影响，而激光的波长又取决于激光的工作介质。输出功率表示能量的大小，占空比表示在脉冲输出时的每一脉冲时间内激光照射时间所占的比例，频率表示每一秒内的照射次数，光束模式表示能量强度的分布。

（2）与加工透镜相关的要素。焦点距离表示从透镜位置到焦点的距离，是直接影响焦点位置处的光斑直径与深度的要素。加工透镜中有能抑制像差的凹凸透镜和普通的平凸透镜两种。

（3）与激光束的焦点光斑相关的要素。焦点的直径取决于透镜的规格，透镜的焦距越短，则焦点的直径就会越小。焦点位置是指聚焦点距离加工材料表面的相对位置，我们把材料表面之上方向定义为正、之下定义为负。焦点深度是指在焦点附近能得到与聚焦点处光斑直径大小基本相同光斑的范围。

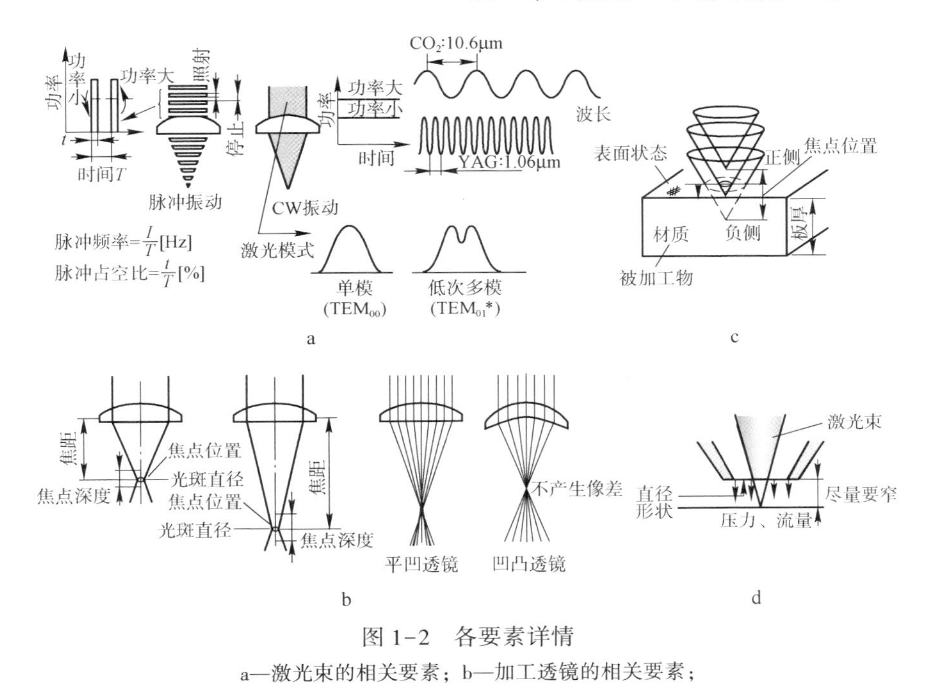

图 1-2 各要素详情

a—激光束的相关要素；b—加工透镜的相关要素；
c—聚焦光斑的相关要素；d—喷嘴与辅助气体的相关要素

（4）与喷嘴相关的要素。喷嘴的直径决定着熔化、燃烧的可限制范围以及喷射于加工部位的辅助气体流量。喷嘴的前端之所以呈圆形，主要是为了能胜任对任何方向的加工，喷嘴与加工材料表面间的间距要尽量设定得窄一些。

（5）与辅助气体相关的要素。辅助气体的压力影响着熔化金属从切缝中排出的情况。气体的种类将影响到加工质量与加工能力，切割时需要氧气的助燃作用；而焊接或热处理时，则需要对加工部位起保护作用。每一个喷嘴都存在着与其自身相配的最佳气体流量。

（6）与加工材料相关的要素。板材的材质和厚度会影响到激光能量的消耗。材料的表面状况会影响到激光束吸收的稳定性，而加工形状又会影响到热量的扩散。

1.2 氧化反应的燃烧作用

【现象与原理】

在对激光切割的原理有了一定了解的基础上，还需要掌握一些有关铁的氧化反应方面的知识。由图1-3可见，铁在燃烧时，因燃烧反应而生成的氧化铁的形态有三种，其燃烧方程式分别为：

$$Fe + \frac{1}{2}O_2 = FeO \qquad \Delta_r H_m^{\ominus} = +268J$$

$$2Fe + 1\frac{1}{2}O_2 = Fe_2O_3 \qquad \Delta_r H_m^{\ominus} = +798.4J$$

$$3Fe + 2O_2 = Fe_3O_4 \qquad \Delta_r H_m^{\ominus} = +1117.5J$$

以1g铁来换算，其所产生的热量如表1-1所示，可以看出铁在燃烧中会释放大量的热（1cal=4.1868J）。

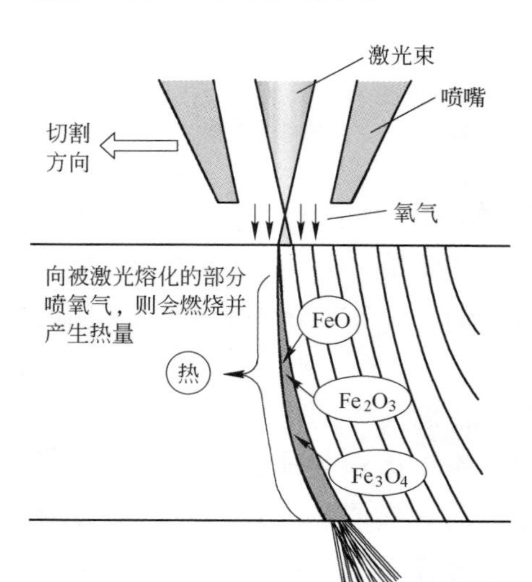

图1-3 铁的燃烧

表1-1 铁所产生的热量

成分	每1g铁所产生的热量/kcal
FeO	1.14
Fe_2O_3	1.69
Fe_3O_4	1.57

注：1cal=4.1868J。

假设在激光切割中，所产生的各种氧化铁的比例分别为FeO：20%、Fe_2O_3：45%、Fe_3O_4：35%，则1g铁所放出的热量将是 1.538kcal，约为熔化 1g 铁所需热量(约 0.23kcal)的 5 倍。热量中的一部分会通过热传导而散失，但绝大部分都会参与切割。

图 1-4 所示为在同样 1kW 功率条件下对碳钢材料的切割能力和焊接能力进行的对比[1]。焊接的辅助气体氩气的压力设定在 0.01MPa 以下，仅起到防止焊缝表面被氧化的作用，不用于提高加工能力（熔化深度）；用氧气切割时，氧气燃烧所产生的热量是不用氧气时的 5 倍，加工能力也有着同等程度的提高。例如，加工速度为 1m/min 时，可以得到 1.5mm 的焊接熔化深度，而用同样速度进行切割，则最大可以切到 7mm 厚度。另外，熔化深度为 1.5mm 时的焊接速度是 1m/min，而切割 1.5mm 厚的板材时切割速度可达 5m/min，是焊接的 5 倍。相对于焊接来讲，切割的加工能力所提高的量，基本是与氧气燃烧所放出的热量倍率（约 5 倍）是一致的。

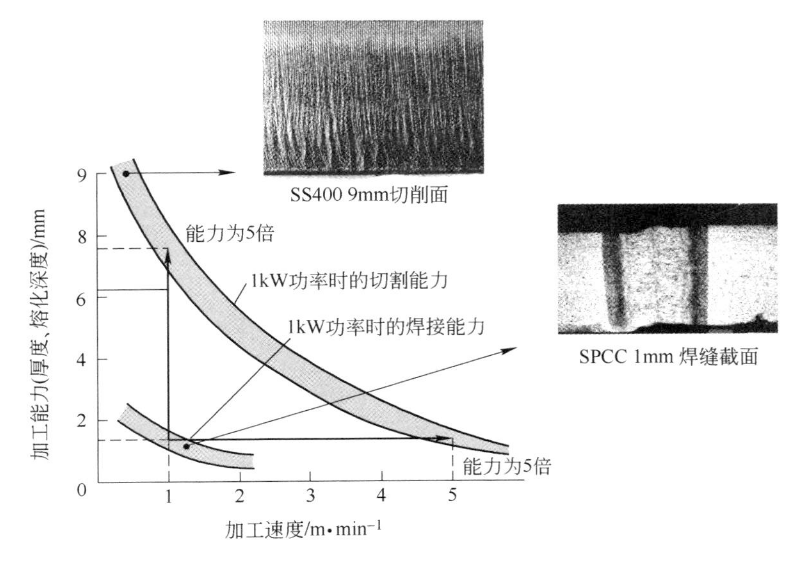

图 1-4 碳钢材料的激光焊接与切割加工能力的对比

1.3 氧化反应的热传导与切割速度的关系

【现象】

使用4kW级输出功率的发振器，用氧气辅助气体进行薄板的高速切割时，切割速度可以设定在10m/min以上。但是，随着板材厚度的增加，加工速度会变慢，当厚度超过19mm时，加工速度将低于1m/min。如果切割形状中存在尖角，则尖角部分就很容易在加工中被熔掉（见图1-5），且角度越小，尖角部分就越会被熔掉。

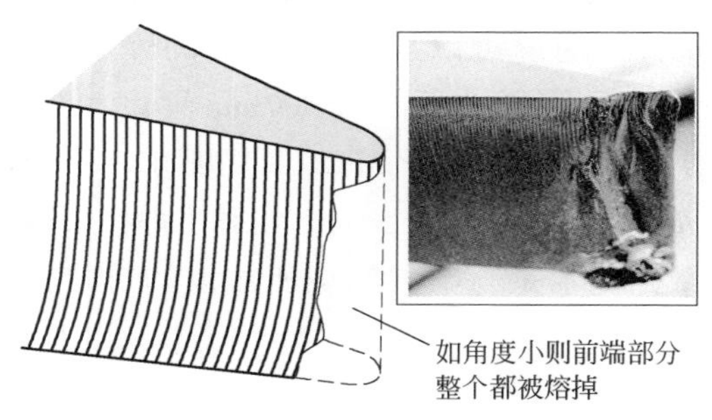

图1-5　切割中尖角被熔

【原理】

如图1-6所示，尖角之所以会被熔掉，是因为激光束经过尖角时尖角部分已处高温，再照射激光就会引起异常燃烧，导致尖角被熔掉。解决方法就是让激光的切割速度大于热的传导速度，也就是说要让尖角部分的切割完成在材料被加热之前。

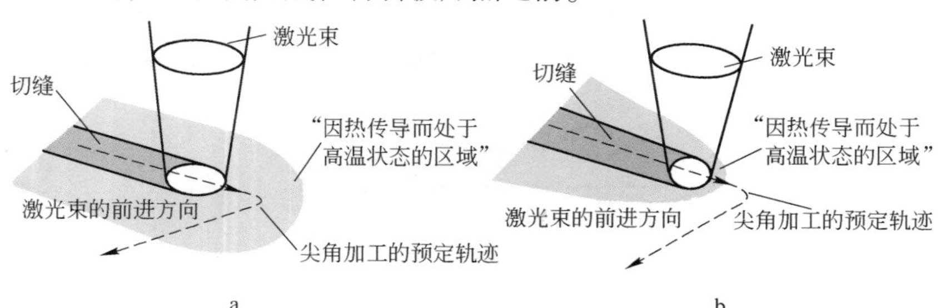

图1-6　激光的切割速度与热传导速度的关系

a—切割速度慢时；b—切割速度快时

（1）高速切割。在我们的加工实验中，当把激光切割速度设在2m/min以上时，尖角前端被熔掉的现象就开始减轻。图1-7是在6mm厚板材上切割60°尖角时的照片。切割条件是：3kW输出功率，3m/min的切割速度，在此条件下尖角前端没有出现被熔掉的现象。表1-2中列举了不同厚度的碳钢材料在切割速度为2m/min以上时所需发振器的输出功率。随着板厚的增加，所需发振器的输出功率也是相当大的。选择发振器时，要综合考虑运行成本等因素，力争做出最佳的选择。

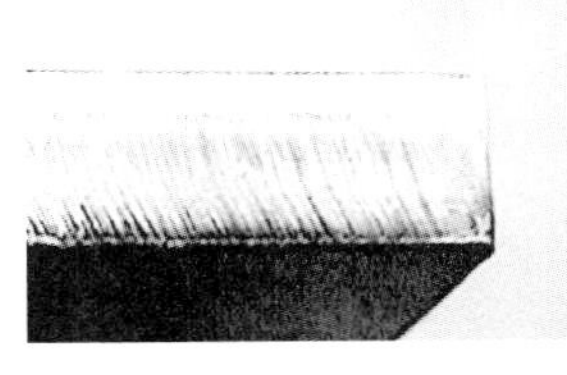

图1-7 碳钢的尖角切割（高速切割）

表1-2 碳钢板厚度与切割所需发振器功率

板厚/mm	所需功率/kW
4.5	2
6	3
9	4
12	6
16	7

（2）脉冲切割。如果发振器是不能设定为高速切割条件的低功率发振器，则可将条件设定为脉冲条件，这样也可有效防止出现被熔掉的现象。图1-8显示的是低速条件时脉冲切割参数与尖角前端被熔掉的关系[2]。在平均输出功率一定的前提下，脉冲的峰值功率越大频率越低，则每一个脉冲内不照射光束的时间就会加长，冷却时间也因而

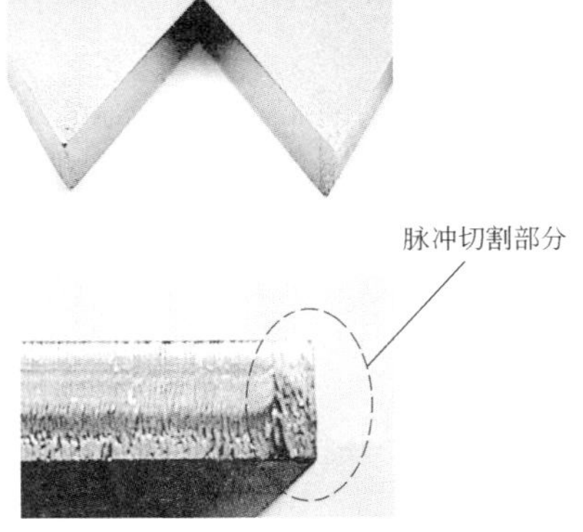

图1-8 碳钢的尖角切割（脉冲切割）

变长，尖角前端被熔掉的现象也就可以得到减轻。在设定脉冲峰值功率及频率时，须注意与切割速度的平衡，进行最优的设定。

1.4　熔融金属的举动

【现象】

激光切割是通过照射聚焦过的激光束、喷射辅助气体来完成的。激光束照射到加工材料上，加工材料就会被瞬间加热至可熔化蒸发的温度，此时喷射高纯度的氧气就会引起燃烧，氧化反应所产生的热量会再促进加工。辅助气体还起到把燃烧中生成的物质及熔化金属从切缝中排出的作用。在激光束的照射及氧化反应作用下，热能在切缝的前沿把材料熔化，再通过辅助气体把熔融物排出。切缝在如此反复中形成，最终达到切割的目的。

【机制】

通过切割面上留下的痕迹可以说明激光切割的机制。如图 1-9、图 1-10 所示，切割面的上半部分拖曳线间距细小、排列整齐，是激光束的熔融起主导作用的切割层，称为第一条割痕。第一条割痕的下面是在切割面上半层生成的熔融金属向下方移动、氧气燃烧作用产生的熔融起主导作用的范围，称为第二条割痕[1]。第二条割痕的燃烧比第一条割痕要慢。切割速度快或板材很厚时，拖曳线将相对滞后于切割的行进方向。图 1-11 是 9mm 厚碳钢材料切割前沿的加工状态。

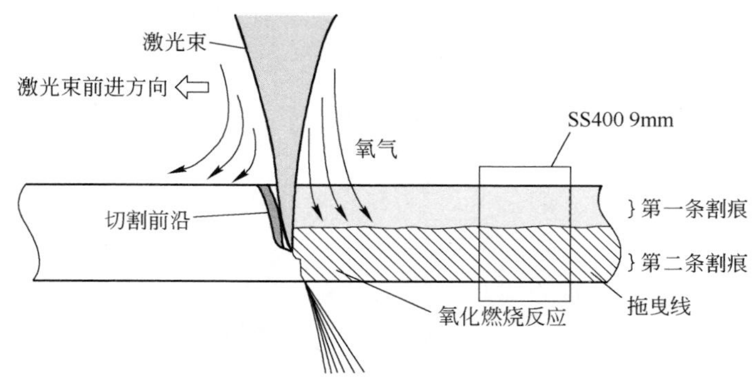

图 1-9　切割机制

第二条割痕的拖曳线相对于切割的行进方向滞后，此滞后量也受切缝宽度影响。焦点位置在材料表面 $Z=\pm0$ 位置时，上部切缝为最小，此时不能向切缝内供应燃烧所需的足够氧气，用于排出熔融金属的气体压力也不够，拖曳线会向后方呈滞后。

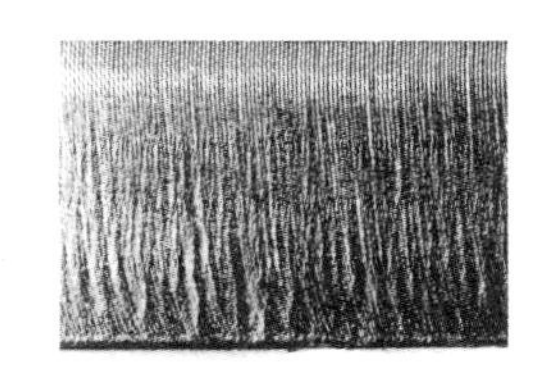

图 1-10 碳钢的切割面

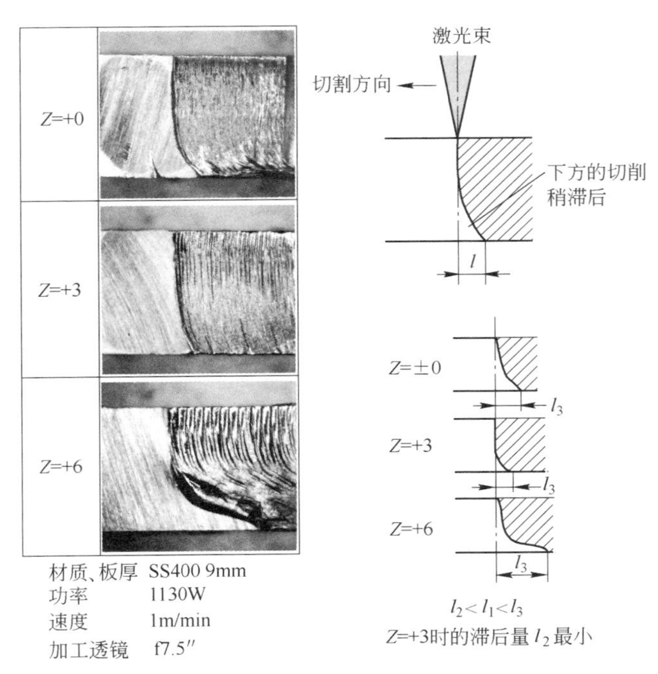

图 1-11 焦点位置与切割前沿的关系

把焦点位置向上方调整，扩大切缝的宽度，就将存在一个拖曳线的滞后量最小、切缝宽度适宜的范围。在此范围内，熔融金属可顺利从切缝内排出，向材料的热输入也最少。如把焦点进一步向上方调整，则能量密度会下降，熔融能力会降低，拖曳线也会因此而滞后。

1.5 拖曳线是如何形成的

【现象与原理】

（1）第一条割痕范围的拖曳线。图 1–12 所示为激光束与加工进展的概略图。设切缝前沿 A 点处的激光束行进速度为 v_a、氧化反应速度为 R_a。板厚越大，切割速度就越慢，切割速度 v_a 将低于氧化反应速度 R_a。当激光束接触到 A 点后，氧化反应速度 R_a 会高于 v_a，燃烧的进展将先于激光束的行进。而后，温度逐渐降低，燃烧将停止在 A_2 点处。当激光束以 v_a 到达该停止位置后，氧化反应速度 R_a 的燃烧将会继续。如是循环往复。

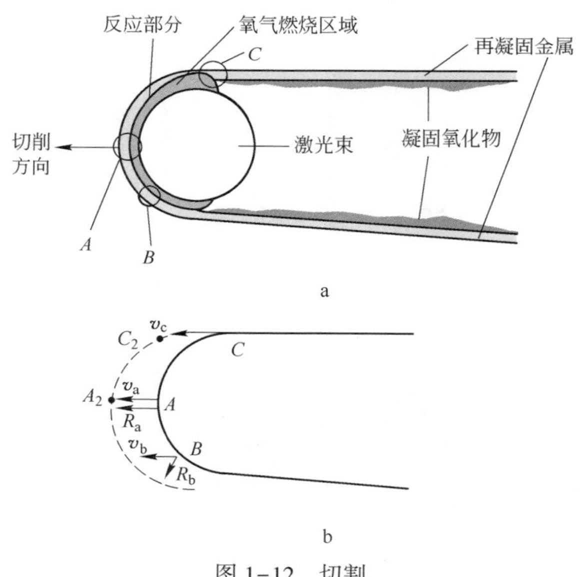

图 1–12 切割

a—切割面粗糙度的形成；b—切割速度与反应速度

另外，在切缝的宽度方向上，也是以氧化反应速度 R_a 从 A 点向 C 点燃烧；到达 C 点后，温度降低，氧化反应停止。当激光束到达 A_2 点后，又将沿切缝宽度方向燃烧到 C_2 点，这一循环一直反复，就会形成拖曳线。

当 v_a 的速度提高到与 R_a 基本相同的程度时，激光束将会始终处于与 A 点相接触的状态，向切缝宽度方向扩展的 A 点和 C 点之间的距离会变小，拖曳线的间隔也会相应变小。

（2）第二条割痕范围的拖曳线。如图 1-13 所示，在板厚方向上设定 A 点和 B 点。A 点处时，氧气纯度或辅助气体的动量都还保持得很高，$v_a=R_a$ 成立，此时可以得到非常光滑且笔直的拖曳线。而 B 点处时，氧气纯度或辅助气体的动量都有所下降，$v_b>R_b$，因而会出现切割前沿的滞后现象。

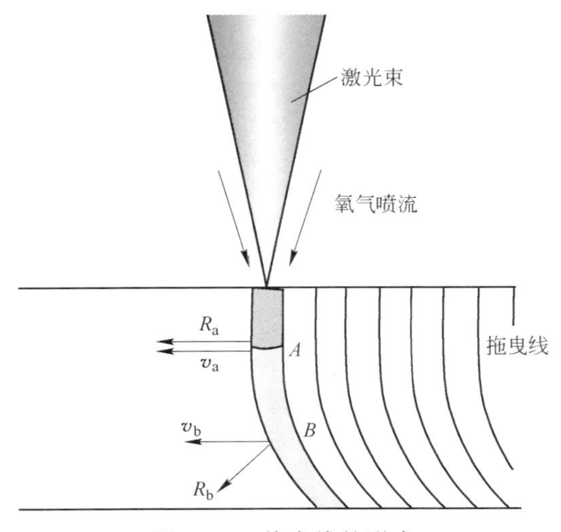

图 1-13　拖曳线的形成

用氧气切割时，随着板厚的增加，散失到母材内的热量会随之增多，熔融金属的温度也会随之降低，熔融金属表面的张力、凝固层的厚度都会变大，最终导致切割面粗糙度变差。而用氮气或空气切割金属时，也会出现同样的现象，切割面会随着板厚的增加而变粗糙，但是由于用氮气或空气切割时没有氧化燃烧反应作用，其粗糙度不会比用氧气切割厚板时的程度差。

1.6 什么是切缝的坡度

【现象与原理】

（1）金属切割。切缝宽度会因加工材料表面对激光束的聚光特性和焦点的设定精度而变化。图 1-15 显示了加工透镜的焦点距离与坡度之间的关系[2]，所显示的数据分别为：以 CW 条件及脉冲条件进行加工时的切缝上部宽度（U）、底部宽度（L）、坡度（T）。透镜的焦点距离越短，聚光点的直径就越小，上部缝宽和坡度也就越小。光纤激光的切割，如图 1-14 所示，因聚光点直径更小，因而会出现切缝的上部宽度（U）比底部宽度（L）小的情况。

	光纤激光	CO_2 激光
切缝断面照	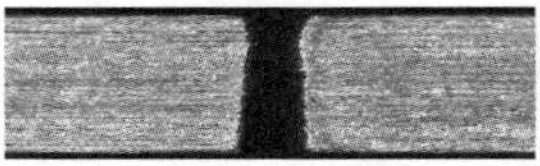	
切缝上部宽度 切缝下部宽度	0. 19mm 0. 31mm	0. 42mm 0. 30mm

材料：SUS304 板厚：2mm

图 1-14　切缝宽度比较

图 1-16 显示了焦点位置与坡度的关系。焦点位置 Z 在加工材料的表面时为 $Z=0$，移动距离（h）用毫米（mm）单位来表示，向上为正（+）、向下为负（-）。焦点位置设定在加工材料表面($Z=0$）时，上部切缝宽度和坡度都为最小；焦点位置向上或向下移动，坡度都会扩大。此坡度扩大的原理如图 1-17a 所示，当焦点位置偏离材料表面时，照射到材料表面的光束直径就会扩大，熔融范围也会相应变大，坡度就因此而变大。

（2）非金属切割。非金属一般用波长较长的 CO_2 激光切割，见图 1-17b，显示了金属与非金属切割时切缝内激光束不同的传输特性。非金属切割时，切缝的内壁基本上是不会发生激光束的反射的。切缝宽度将随着光束从焦点位置向下的扩散角而扩大，再随着激光功率沿厚度方向的逐渐减弱而变窄。要减小坡度，就需要对焦点位置进行调节，要让光束的扩散角与能量密度保持平衡。图 1-18 所示为加工 30mm 厚压克力板时，切缝的上部宽度（U）、中央部宽度（M）及底部宽度（L）与焦点位置的关系。焦点位置为 $Z=+4\sim8$mm 时的坡度为最小。图 1-19 显示了当光束的扩散角接近于平行时的加工特性。在 20mm 厚的压克力板上放一张有 1. 2mm 宽狭缝的金属板，让光束在狭缝的内壁

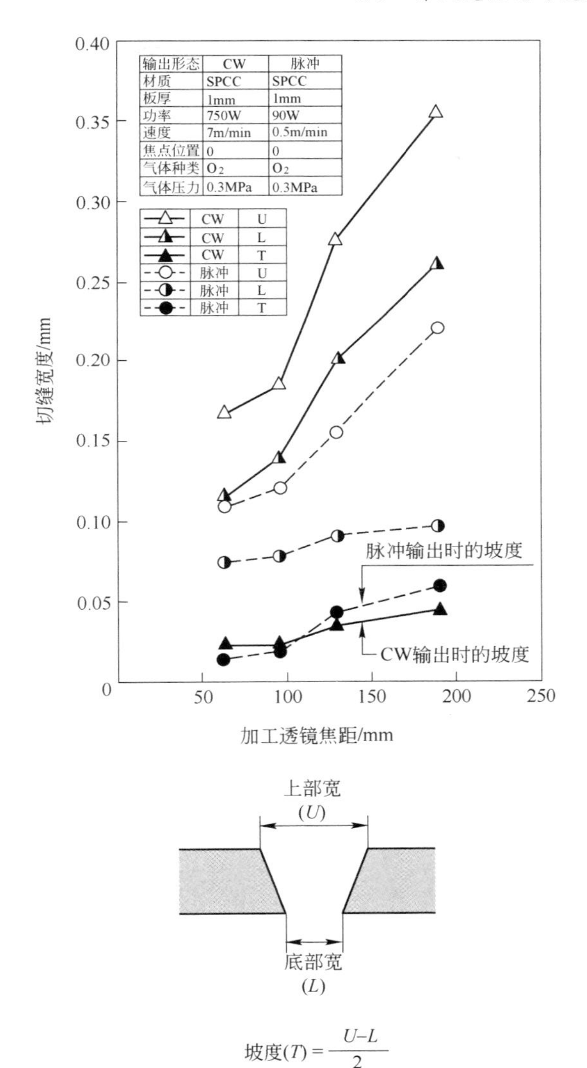

图 1-15 加工透镜的焦距对切缝大小的影响

上进行反射。光束的扩散角小时，将只有输出功率的衰减起作用，切缝将按上部、中部、下部的顺序沿厚度方向逐渐变窄，呈现为“楔子”状。可以看出，要减小坡度，就需要光束的扩散角适宜。

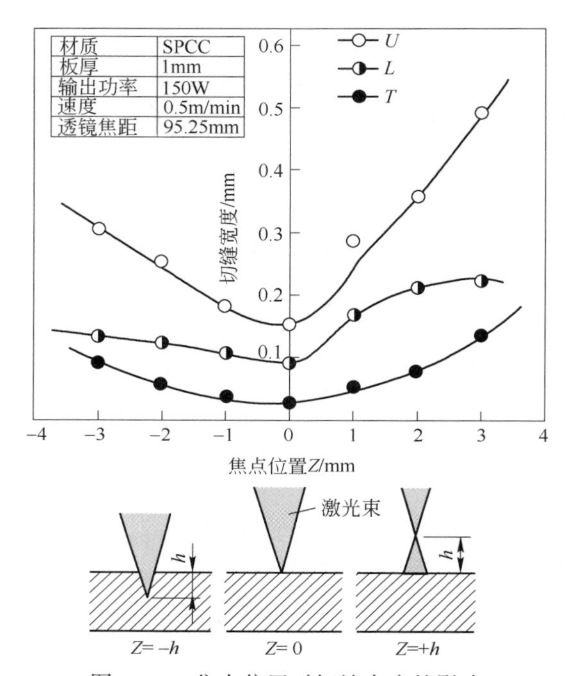

图 1-16　焦点位置对切缝大小的影响

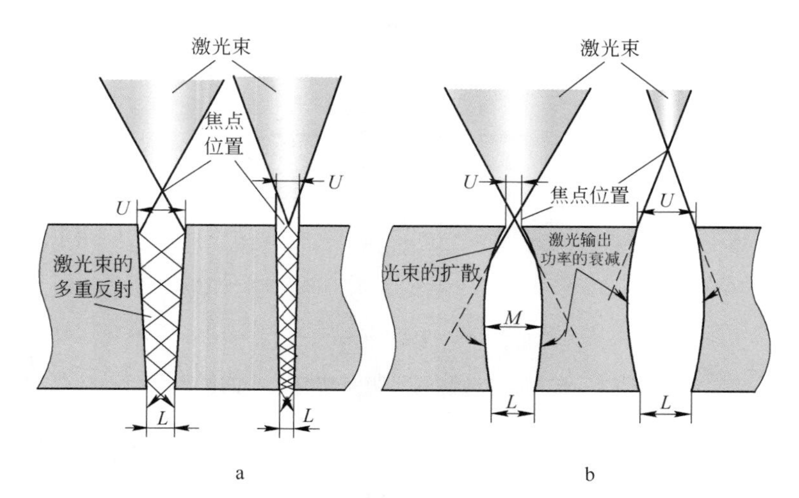

图 1-17　切缝的形成原理

a—金属切削；b—非金属切削

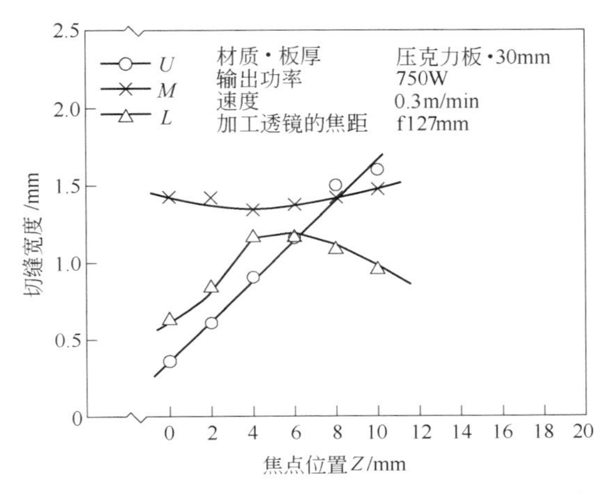

图 1-18 非金属切割中的焦点位置与切缝宽度的关系

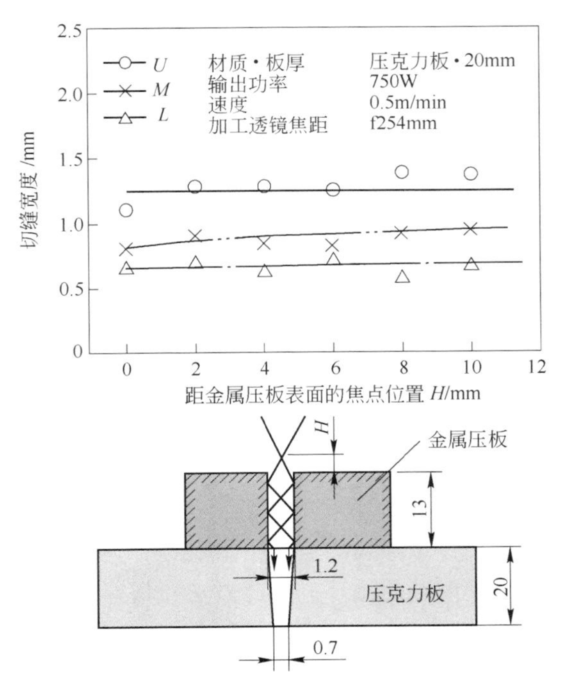

图 1-19 利用发散角小的光束进行的切割

1.7 什么是穿孔

【现象与原理】

穿孔时，穿孔过程中所产生的熔融金属将会喷出到加工材料的表面并堆积在孔的周围直到穿透为止。穿孔条件如图1-20所示，可以设为（图1-20a）脉冲条件或（图1-20b）CW条件（参看插件1.7-0）。

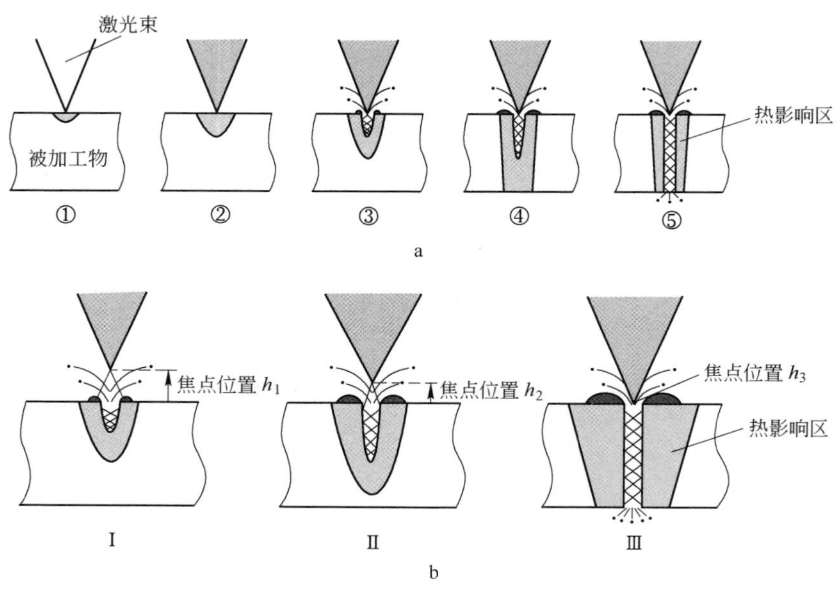

图1-20 穿孔的原理

a—用脉冲条件进行的穿孔；b—用CW条件进行穿孔

（1）脉冲条件。在激光束照射之后，就将开始加工材料表面被加热的①过程并随加热逐渐深入起到穿孔作用的②~④的过程，直到最后的穿透过程⑤这一不间断的循环。用此方法对板厚大于9mm的材料进行穿孔时，虽然穿孔时间会急剧增加，但却可以得到孔径在0.4mm以下、比切缝宽度小、对周围热影响少的加工结果。需要注意的是，为了缩短穿孔时间而把加工条件设定为输出功率骤然变化的做法，将会造成大量的熔融金属不能从很小的孔径上部全部排出，导致过烧。

（2）CW 条件。CW 条件时采用的方法是将焦点位置设在稍高于加工材料表面、加大穿孔的孔径来迅速加热。虽然采取这种方法会产生大量的熔融金属，并会喷溅到加工材料的表面，但加工时间得以大幅度减少。

（3）穿孔能力的提高。穿孔洞的内壁也会吸收激光束。图 1-21 所示为在穿孔过后向孔洞内照射激光束，并对此时穿过孔洞到达底部的激光束进行能量测量而得到的结果[3]。方法是，分别对各种板厚进行穿孔，然后在各孔的下方设置能量检测器，再向孔洞照射激光束。板材越薄，则透过孔洞的激光功率就越大；板材越厚，则透过的激光功率就越小。结果如图 1-20 所示，激光束在孔洞的内壁被从上向下进行多重反射，边被吸收边被传输。要缩短穿孔时间，就要对被孔内壁所吸收的热量进行相应的补偿，也就是说，需要随着穿孔的进展相应把功率加大。

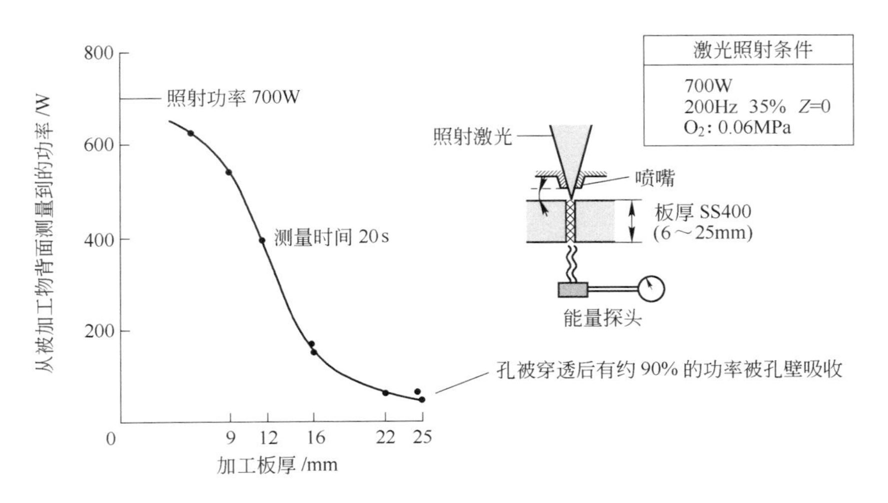

图 1-21 穿过孔洞之后的激光功率

另外，要减少热影响，也需要加大输出功率。输出功率越大，就可以在越短的时间内完成加工，缩短激光束被内壁吸收的时间。

1.8　焦点位置与切割的关系

【现象】

在影响加工质量及加工能力的各因素中，影响最大的就是焦点位置，其与加工的具体关系如下。

相对于加工材料的表面而言，激光束被聚焦后，焦点所在位置称为焦点位置。焦点位置对切缝的宽度、坡度、切割面的粗糙度、熔渣的黏着状态、切割速度等几乎所有的加工参数都会产生影响。这是因为焦点位置的变化会引起照射在加工材料表面的光束直径和射入加工材料的入射角产生变化，其结果是会影响到切缝的形成状态及切缝内光束的多重反射状态。这些切割现象又会对切缝内的辅助气体、熔融金属的流动状态产生影响。

【原理】

图 1-22 所示为焦点位置 Z 与加工材料表面的切缝宽度 W 的关系。把焦点在加工材料表面上的状态设为 $Z=0$ “零”，焦点位置向上方移动时用“+”、向下方移动时用“-”来表示，移动量用 mm 表示。焦点在焦点位置 $Z=0$ 处上部切缝宽度 W 为最小。不论焦点位置是向上移还是向下移，上部的切缝宽度 W 都会变宽。这一变化在使

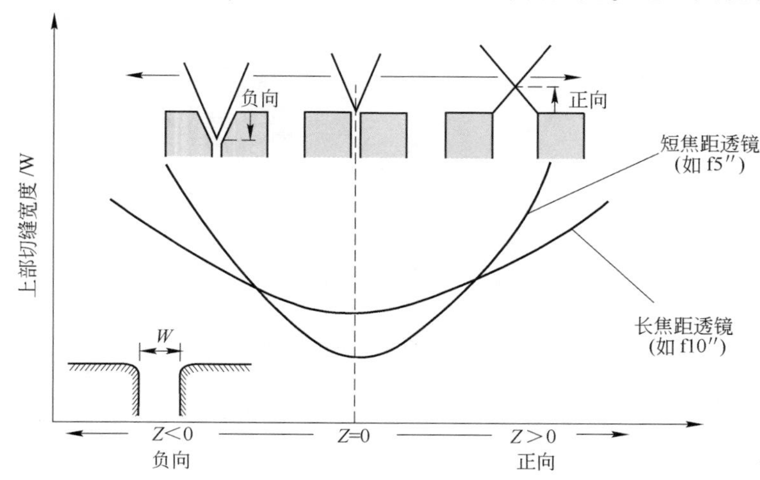

图 1-22　焦点位置与切缝宽度的关系

用不同焦距的加工透镜时也存在同样倾向。焦点位置处的光束直径越小、透镜越是焦点深度小的短焦距透镜，则上部切缝随焦点位置的变化而变化的幅度就会越大。

表 1-3 显示的是各种加工材料的最佳焦点位置。

（1）是在加工材料表面能得到最小光束直径 $Z=0$ 时的情况。此时可以在加工材料表面得到最大的能量密度，熔融范围比较窄，这就决定了加工的特性。

（2）是焦点位置在“+”侧（$Z>0$）时的情况，此时加工材料表面的激光束照射范围变宽，切缝内的光束出现扩散角，使切缝宽度扩大。

（3）是焦点位置在“-”侧（$Z<0$）时的情况，此时照射在加工材料表面的激光束范围变宽，在板厚方向上越向焦点位置靠近，熔融能力就越大，之后产生逆坡度。

表 1-3　焦点位置及其应用实例

焦点位置	特点	适用
(1) $Z=0$	切缝最窄，可进行高精度加工	·需要减轻坡度的加工； ·对表面粗糙度要求高的加工； ·高速加工； ·要减少热影响区的加工； ·微细加工
(2) $Z>0$	切缝下方变宽，可改善气体的流量和熔化物的流动性	·厚板的 CW、高频率脉冲加工； ·压克力板加工； ·刀模加工； ·瓷砖加工
(3) $Z<0$	切缝上方变宽，可改善气体的流量和熔化物的流动性	·铝材的空气切割； ·铝材的氮气切割； ·不锈钢的空气切割； ·不锈钢的氮气切割； ·镀锌钢板的空气切割

1.9 透镜焦距与切割性能的关系

【现象】

焦距不同的加工透镜，聚焦后的光束焦点直径和焦点深度都有所不同，加工特性也不尽相同。通常加工机上会标准配备一套加工头（透镜）。为了能使加工性能得到最大限度的发挥，请在充分理解各加工头性能的基础上，再另外准备几套，以便可根据需要灵活选择使用。

加工透镜的光束聚焦性可用以下公式表示。

焦点直径
$$d = \frac{4f\lambda M^2}{\pi W}$$

焦点深度
$$Z_d = \frac{\omega_0^2\pi}{\lambda M^2}$$

式中，f 为透镜焦距；W 为入射于透镜的光束直径；λ 为激光束波长；ω_0^2 为聚焦点半径；M^2 为光束品质参数。

如图 1-23 所示，长焦点透镜的焦点直径和焦点深度都比较大，而短焦点透镜则相对比较小。与 CO_2 激光相比，波长 λ 短的光纤激光的聚焦点直径 d 更小，并且焦点深度 Z_d 更长。

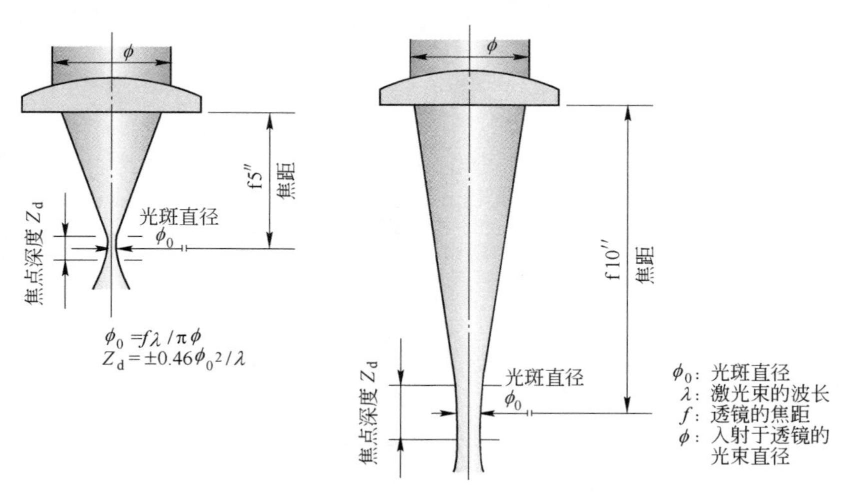

图 1-23　短焦距透镜与长焦距透镜的加工参数

【原理】

(1) 薄板切割。在无须过多考虑切缝内熔融金属流动因素的薄板切割中，使用聚焦直径较小的短焦距透镜比较合适。因为短焦距透镜能量密度高、熔融能力大，可在高速切割中发挥效能。另外，由于其具有切缝窄、热输入少等特点，很适合于微细加工领域。

(2) 厚板切割。在厚板加工中，只有加宽切缝的宽度，才能使切缝内的熔融金属流淌顺利。图 1-24 所示为对 9mm 厚碳钢以 0.08MPa 的气体压力进行加工时可得到良好切割质量的最佳切缝宽度[4]。切缝宽度在 0.45~0.55mm 的范围内时，将不产生毛刺，切割面的粗糙度良好。要得到此切缝宽度，当透镜是 f5″透镜时，焦点位置就需设在$Z=+1.3$mm~+2mm 范围内；而 f7.5″透镜时，焦点位置则需设在 $Z=+1.0$mm~+2.7mm 范围内。由此可以看出，在切割厚板时，焦点裕度较大的长焦距透镜比较有利。在无氧化切割中，如果使用焦点深度大的长焦距透镜，则切缝坡度会比较小，有利于借助辅助气体的喷流排出熔融金属。

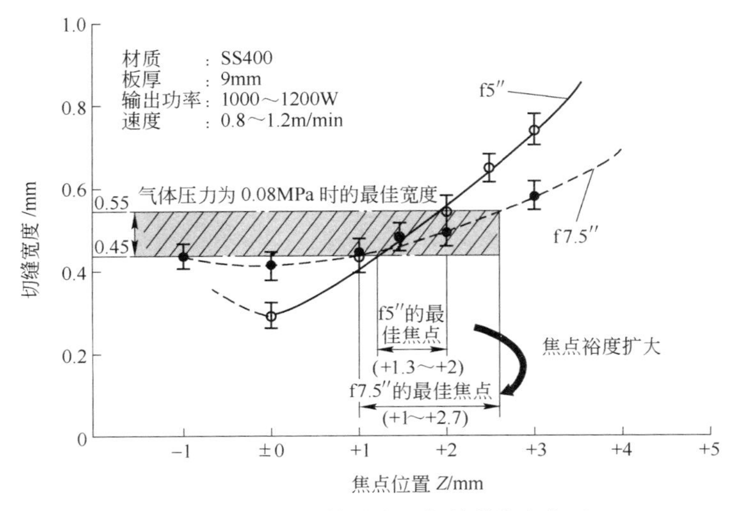

图 1-24 加工透镜的焦距与最佳焦点位置

1.10 激光功率、切割速度与切割结果的关系

【现象】

激光功率是直接影响加工材料熔融能力的参数。例如，下列需要提高加工能力的要求，都是可以通过加大激光功率来满足的：

（1）加快切割速度；

（2）加工的工件厚度较大；

（3）加工对象是铝或铜等高反射率材料；

（4）透镜需要从短焦距透镜改为长焦距透镜；

（5）焦点位置在加工材料表面的设定发生了变化。

加工条件中的功率设定是否得当，可以通过观察加工过后的切割面情况来判断。图1-25所示为碳钢厚板的切割实例。功率大于最佳值时，切缝周围的热影响区（烧痕）会变大，尖角部分会出现被熔掉的现象。另外，切割面上拖曳线的间距也会变大，且从上部到下部呈直线状。

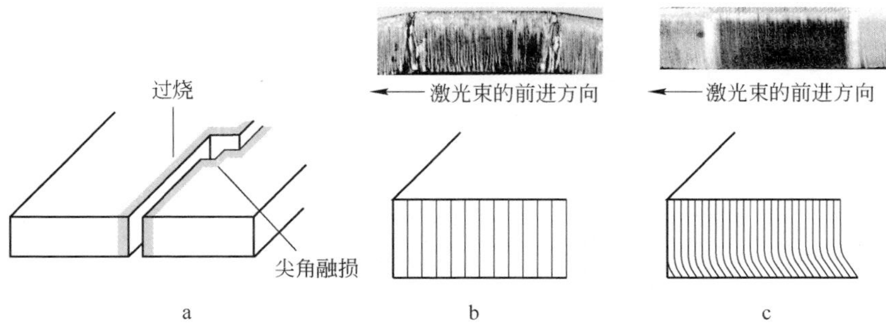

图1-25 输出功率对加工的影响

a—功率过剩时；b—功率不当时的切割面波痕既粗又直；
c—功率恰当时的切割面波痕细腻且稍滞后

功率小于最佳值时，切割面的下部粗糙度会明显变差，如进一步恶化，切缝下部会呈现塌陷状态，挂渣也又多且硬，去除起来很困难。

功率为最佳值时，切割面上拖曳线的间距会非常小，下部相对于加工的行进方向将稍呈滞后状态，对切缝周围的热影响也为最小，尖角部被熔掉的现象也比较少。

加工条件是否得当，其实也无需等到加工结束后通过切割面质量来判断，在加工过程中仔细观察火花的溅射状况，也是足以作出判断的。在切割过程中，从加工材料的下部溅射出的火花的状态直接受切缝内熔融金属的流动状况影响。如图1-26所示，如果从加工材料下方溅射出的火花是①直线、②稍滞后、③纤细等形貌，这就意味着加工条件得当[1]。功率设定不当时，在切割过程中从材料的下部溅射出的火花将表现为：①扩散、②与切割行进方向呈反向滞后和③变粗等形貌。

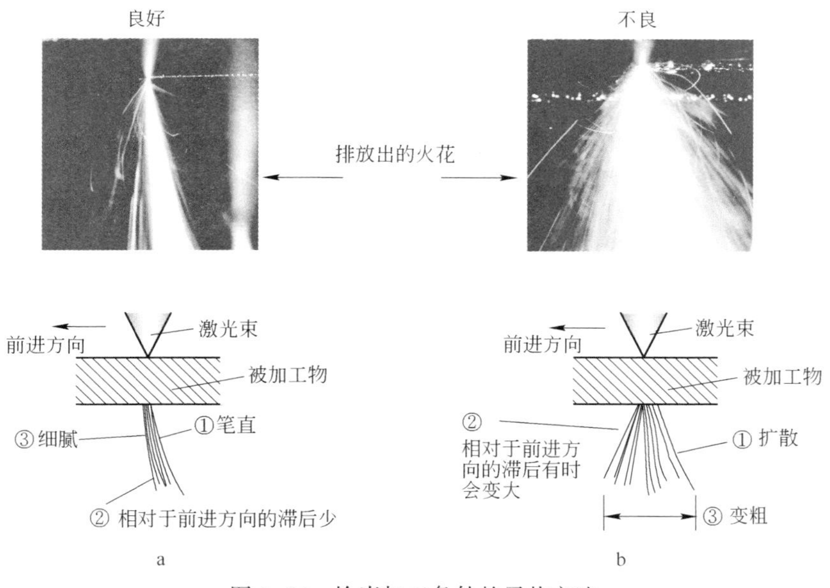

图1-26 恰当加工条件的寻找方法

a—功率设定得当时；b—功率设定不当时

1.11 脉冲频率与切割的关系

【现象】

进行微细加工时，加工部的热量过于集中，很容易发生熔损或过烧。像这样的加工，就要边冷却边加工，以反复进行光束的照射（ON）与停止（OFF）的脉冲条件为佳。

图 1-27 中以切割 5mm 厚 SK3 材料为例，显示了在不同脉冲频率条件下的切缝截面、热影响层宽度的变化情况。热影响越大，热输入就越多，也就越容易产生被熔掉或过烧等现象。热影响基本是在切缝的左右均匀发生，并从上部向下部呈递增趋势。图 1-27 中数据是对切缝的上部（H_u）、中部（H_m）、下部（H_d）三处的热影响层宽度进行测量的结果。相对于脉冲频率的变化，上部（H_u）和中部（H_m）的热影响层宽度变化较小；下部（H_d）热影响层宽度在频率为 50Hz 时是基本与中央部（H_m）相同的，但随着频率的降低，下部热影响呈减少趋势。

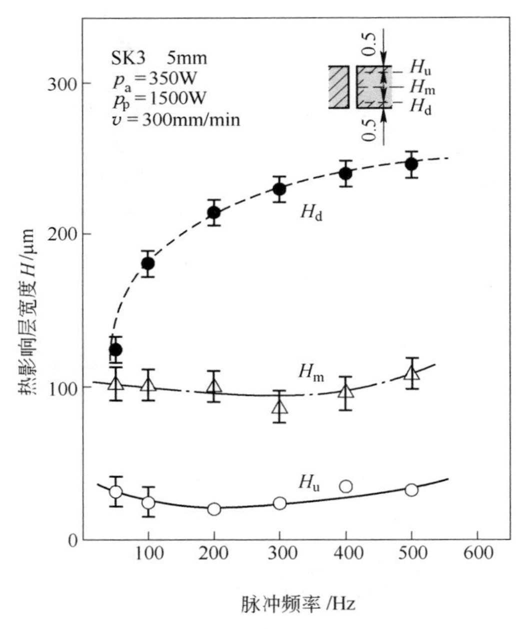

图 1-27　脉冲频率与热影响层宽度的关系

【原理】

脉冲条件变化时，不参与切割而从加工材料穿过到达底面的激光量也相应发生变化。图 1-28 是通过切割时透过加工材料底面的激光

功率 P_2 与所照射的激光功率 P_1 的关系计算出的光束被加工材料的吸收利用率 $\gamma[(P_1-P_2)/P_1]$。在测量 P_2 时，为了排除熔融金属的热影响，使用的是图（1-28b）所示方法。从图 1-28 中可以看出，频率越低，不参与加工而直接透过的能量就越多，能量被加工材料利用的比率就越低，加工中的热输入就越少[5]。降低频率后，单一脉冲的能量得到提高，单一脉冲的加工量也因此而加大，板厚方向的加工能力得到扩大。另外，由于停止（OFF）的时间也同时增加，这就使抑制过烧或熔损的冷却能力得到强化。不过，单一脉冲的加工时间和停止时间的变长，会使光束照射位置周围的熔融范围变大，切割面粗糙度变差。而提高频率时，每一脉冲在板厚方向的加工能力和冷却能力都会降低，抑制过烧或熔损的能力也会相应降低。高频率条件下的加工特性接近于 CW 加工。

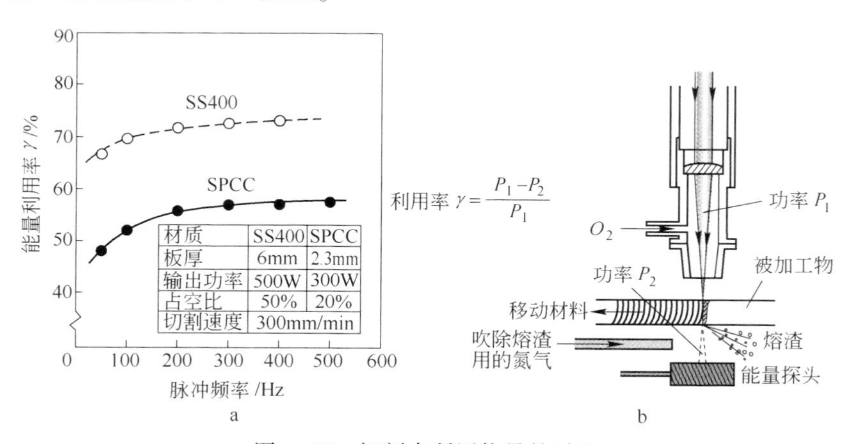

图 1-28 切割中所用能量的对比

a—脉冲频率与能量利用率的关系；b—测量穿过被加工物后的功率的示意图

1.12 脉冲占空比与切割的关系

【现象】

脉冲占空比是指每一脉冲中光束照射时间所占的比例。根据平均功率（P_a）和占空比（D）的关系，可以按下式计算出脉冲峰值功率（P_p）（图 1-29）：

$$P_p = P_a/D$$

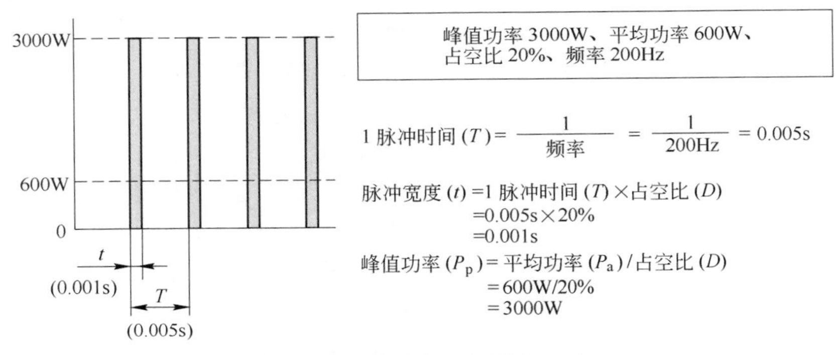

图 1-29　脉冲各参数间的关系

图 1-30 所示为脉冲峰值功率 P_p 与切割面粗糙度 R_z 的关系。脉冲切割条件时，使切割速度 v 与频率 f_p 保持不变。所示切割面的粗糙度是分别对 1.2mm、3.2mm、6.0mm 厚碳钢材料的上部（R_u）

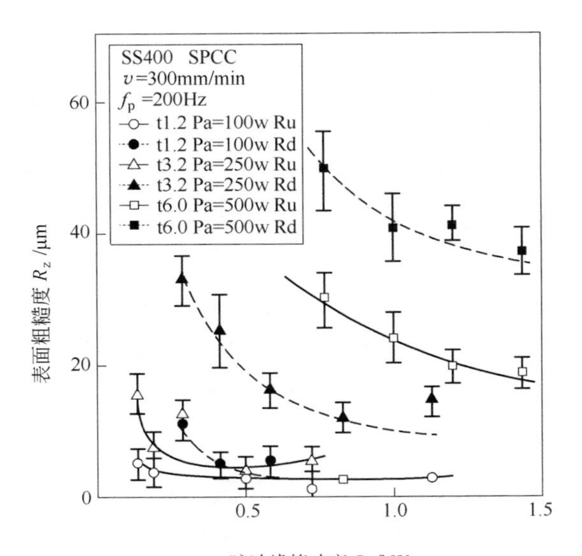

图 1-30　脉冲峰值功率与切割面粗糙度的关系

与下部（R_d）进行测量的结果。所有的板厚都显示为上部切割面粗糙度比下部切割面粗糙度好；脉冲峰值功率越大，切割面粗糙度就越好。图 1-31 显示的是脉冲峰值功率与热影响层宽度的关系。热影响层宽度（H）是在上部（H_u）、中部（H_m）、下部（H_d）三处进行测量的结果。热影响层最宽的是下部（H_d），从中部（H_m）到上部（H_u）热影响层宽度呈减小趋势。脉冲峰值功率越大，热影响层宽度就越小，特别是切缝的下部受脉冲特性影响表现得尤为明显，热影响层随脉冲峰值功率的变化而变化的比例相对比较大。

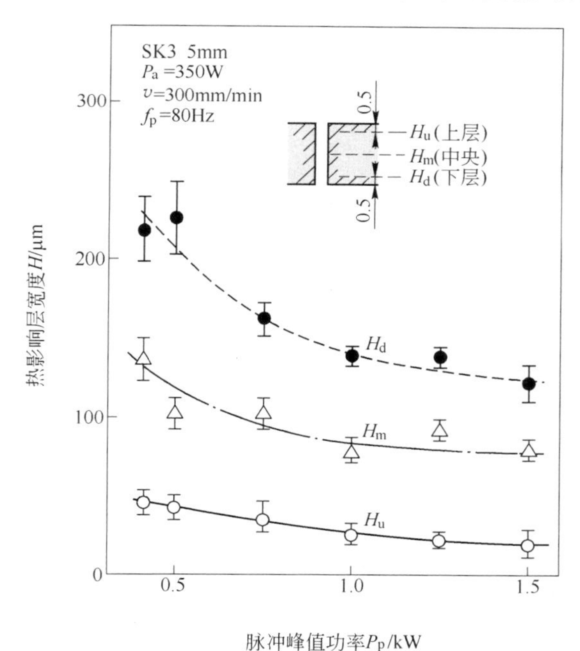

图 1-31 脉冲峰值功率与热影响层宽度的关系

【原理】

在平均功率一定时，脉冲的占空比减小，则峰值功率会变大。每次脉冲照射时的能量会相应增加，每一脉冲的加工量增加，会使板厚方向的加工能力提高。另外，由于停止时间也会同时增加，抑制过烧或熔损的冷却能力也会相应增强。反之，如脉冲的占空比很大，脉冲条件会向 CW

条件接近，板厚方向的加工能力和冷却能力都会相应降低，也会使低速加工中对过烧、熔损现象的抑制能力降低。图 1-32 是分别以减小脉冲占空比、加大峰值脉冲，与加大脉冲占空比、减小峰值脉冲的条件进行穿孔加工后各截面的对比图，充分体现出了脉冲特性对加工的影响。

材质：SS400 板厚：9mm

a

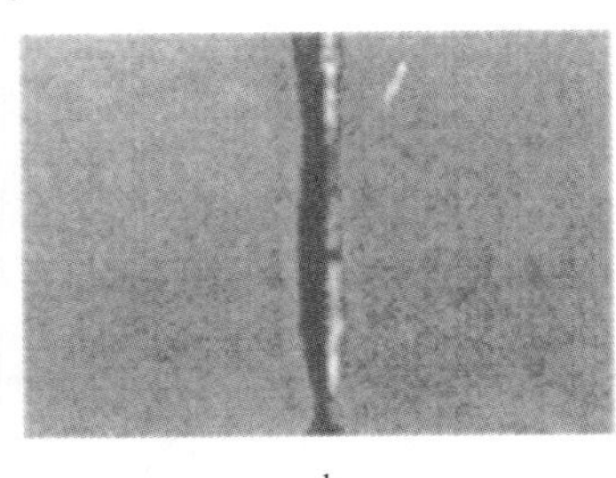

b

图 1-32 不同脉冲条件下穿孔洞的截面

a—以小占空比脉冲进行的加工；b—以大占空比脉冲进行的加工

1.13 氧气辅助气流与切割性能的关系

【现象】

在以氧气为辅助气体的金属切割中，氧气起着对加工材料燃烧的助燃，以及把熔融金属从狭窄的切缝内高效排出的作用。

在碳钢材料的厚板切割中，利用氧气的燃烧反应产生的热能进行加工，可大幅提高切割能力。氧气的纯度决定着燃烧的效率，对加工性能影响很大（燃烧反应对加工的影响在其他章节中有详细论述）。在碳钢薄板的切割中，激光束的熔融作用大于燃烧反应作用，因而氧气纯度对加工的影响比较小。

【原理】

在碳钢厚板的切割中，氧化燃烧反应所产生的热能将起主要作用，从喷嘴喷出的氧气的纯度与加工质量的关系如表 1-4 所示。在 16mm 厚板材的切割中，当氧气气体纯度低于 99.61%时，切割面下部的加工质量开始变差[6]。当然，切割速度也有所下降。

表 1-4 氧气的纯度与切割性能的关系

氧气纯度	切割面	氧气纯度	切割面
99.75%	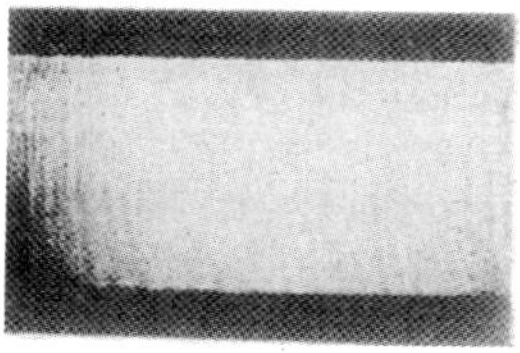	99.54%	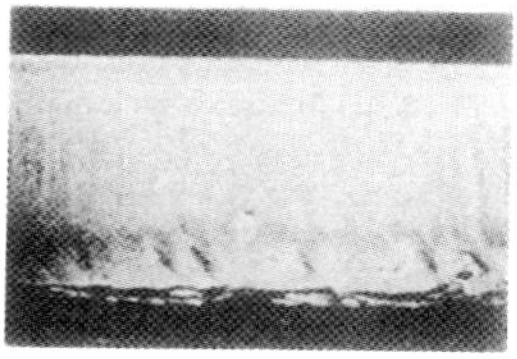
99.68%		99.50%	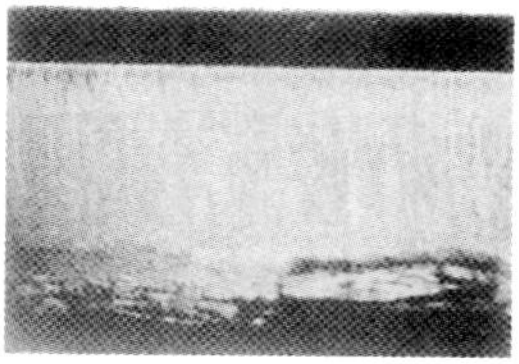
99.61%		99.45%	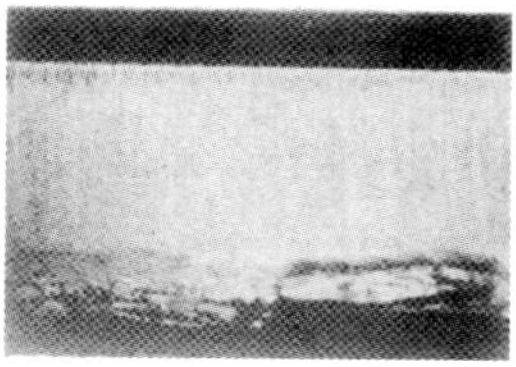
99.57%	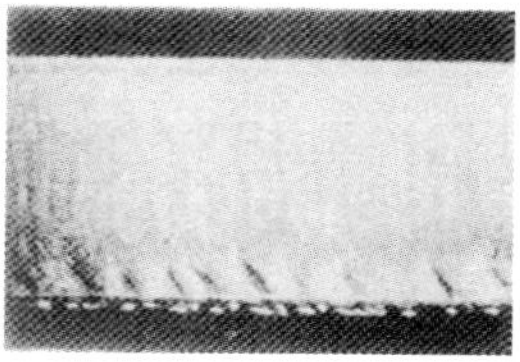	材质:SS400 板厚:16mm	

氧气纯度在加工区域内降低的主要原因是：气罐内含有不纯净物，从板厚上部到下部的燃烧中氧气被消耗以及空气从切缝后方侵入等。切割速度越快、板材越厚，则拖曳线就越向后方滞后。另外，从喷嘴下氧气环境中的脱离，会更进一步导致氧气纯度的下降。

解决方法如图 1-33 所示，即对从切割前沿到板厚下部范围通过从喷嘴喷出的高纯度氧气得到充分补充，达到对空气的屏蔽效果。方法之一就是，使用双重喷嘴来屏蔽加工的前沿，在中央喷嘴向激光束的照射部分喷射氧气的同时，外围喷嘴也会向照射部的周围喷射氧气，从而使氧气供应能达到板厚的下部。图 1-34 所示为分别用单孔喷嘴与双重喷嘴切割 25mm 厚碳钢材料（SS400）的切割面照片。在板厚的上部，切割面粗糙度没有什么差异；而从中央部到下部，则是双重喷嘴的切割粗糙度比较好。

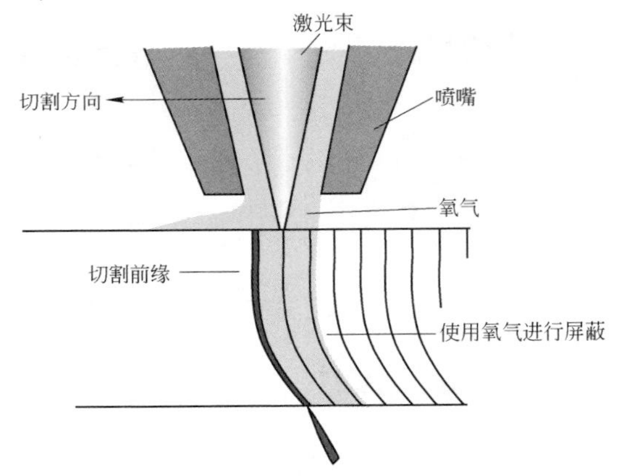

图 1-33　使用氧气辅助气体对加工部位进行屏蔽

材质：SS400 板厚：25mm

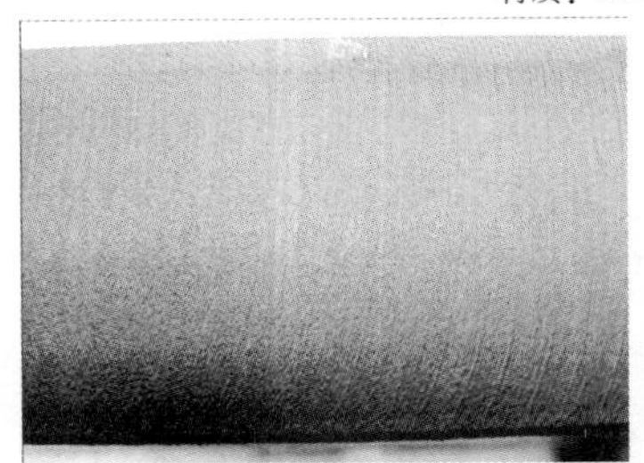
a

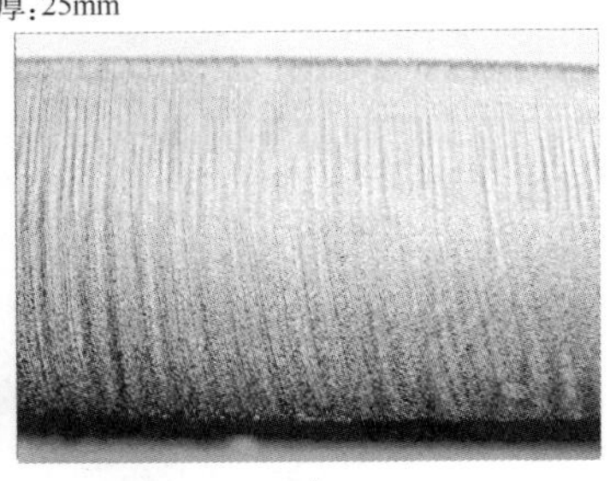
b

图 1-34　切割面粗糙度的对比

a—双重喷嘴的切割；b—单孔喷嘴的切割

1.14 氮气或空气辅助气流与切割的关系

【现象】

用氮气或空气进行切割时，辅助气体的作用就是把因激光束照射而熔化的金属从切缝的上部推向下部，进而从加工部的背面排出，防止在背面挂渣。

要想充分发挥辅助气体的喷射作用，就需要切缝内能保持足够的辅助气体压力。图 1－35 所示为分别对板厚为 3mm、4mm、5mm、6mm 的铝合金（A5052）材料以空气作为辅助气体进行切割时，辅助气体压力(p)与最大毛刺高度(h)的关系。任何板厚都显示为辅助气体的压力越高，毛刺的高度越小。

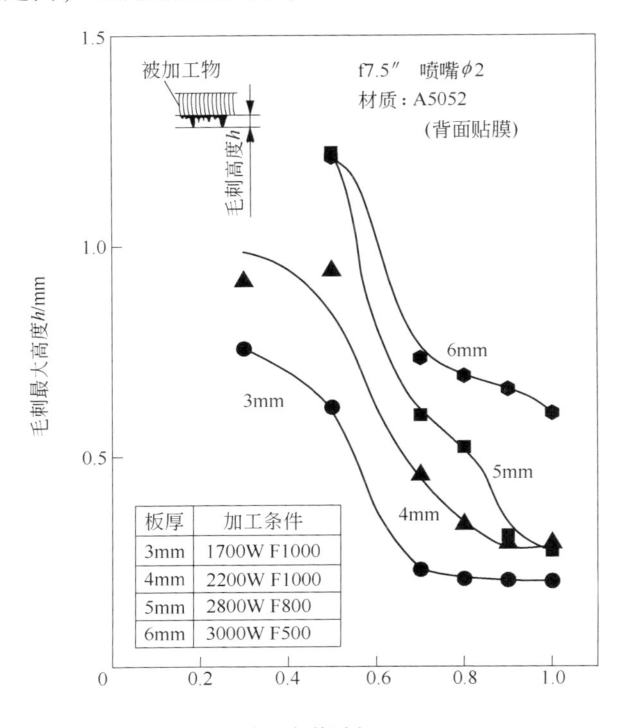

板厚	加工条件
3mm	1700W F1000
4mm	2200W F1000
5mm	2800W F800
6mm	3000W F500

图 1-35 铝合金切割中的加工气体压力与毛刺高度的关系

【原理】

从喷嘴喷出后的辅助气体压力能保持在与喷嘴内压力同等程度的范围，称为潜在核。潜在核的特性直接影响上述挂渣情况。潜在核从喷嘴的前端起，其可以保持的距离与喷嘴的直径成正比，喷嘴直径越大，潜在核可维持的距离就会越长。不难想象，板材越厚，所需的喷嘴直径就会越大。但是，随着直径的加大，辅助气体的消耗量也会增加，选择时需要根据加工材料的厚度，在板厚的毛刺容许量范围内选择最小的喷嘴直径。

要使辅助气体的压力能从切缝的上部保持到下部，还需要对切缝形状进行优化。切缝的形状取决于照射到加工材料的光束特性。图 1-36 显示了在 5mm 厚铝合金（A5052）的切割中，当焦点位置在板厚的内部变化时，切缝形状及切割面形貌也随之变化的状况[1]。负调整量越大，上部切缝就越宽，坡度也就越大。在该实验中，焦点位置设在贴近板厚底部位置时得到了良好的加工质量。需要注意的是，焦点位置的最优值将会根据光束的聚光特性而有所差异。

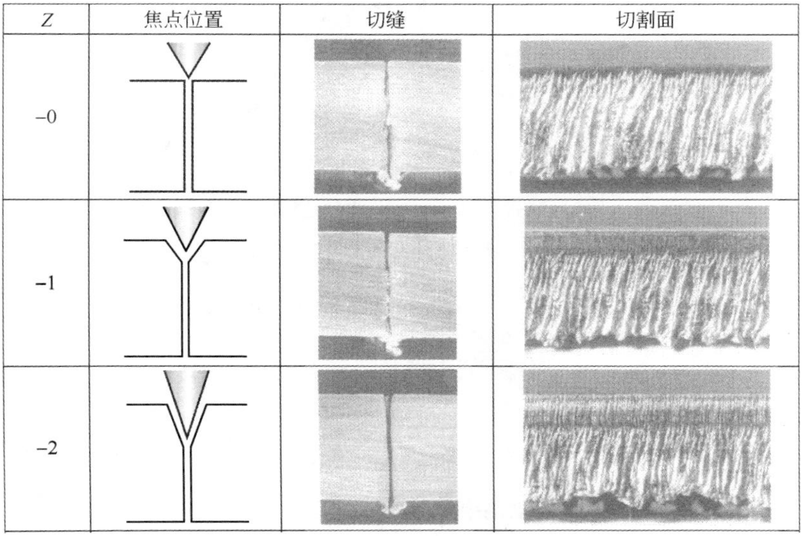

Z	焦点位置	切缝	切割面
−0			
−1			
−2			

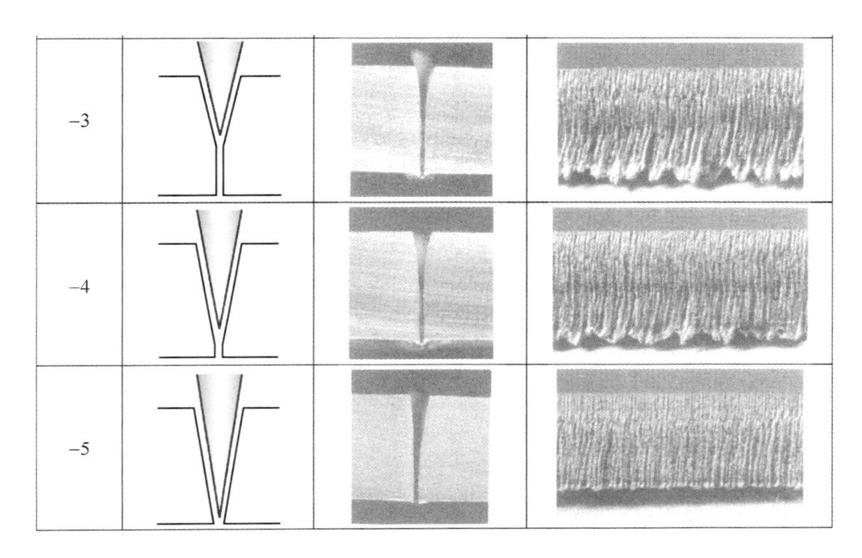

图 1-36 铝合金切割中的焦点位置变化与切割质量的关系
（材质：铝合金（A5052）；板厚：5mm；输出功率：2kW；
速度：0.8m/min；辅助气体：空气 0.8MPa）

1.15 加工材料要素与切割性能的关系

【现象与原理】

（1）加工材料的温度上升所造成的影响。如果穿孔位置过于集中或是位于切割线附近，则加工位置处的温度会较高，很容易引起穿孔的不良。激光切割的零件就在近旁或零件加工的路径比较复杂时，加工材料的温度很容易升高并产生过烧。

让材料的温度从常温到 200℃以 50℃间隔进行变化，对 12mm 厚 SS400 进行了加工，其温度变化与加工不良之间的关系如图 1-37 所示。比例是在各温度下分别加工 50 个零件时所得到的切割不良的比例。结果就是随着温度的升高，加工不良的比例在增加。解决方法就是调整加工顺序，改进提取多个或嵌套程序中加工路径的设计，要尽量使穿孔和切割能在常温中完成。

（2）加工材料表面的影响。激光加工的原理是通过激光束被加工材

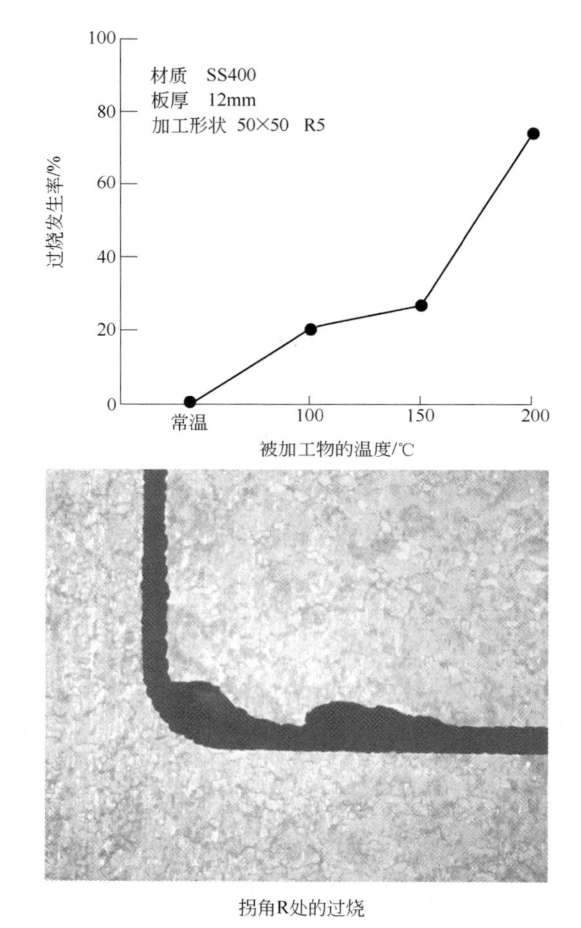

图1-37 被加工物温度与加工不良的关系

料的表面均匀稳定地吸收，之后激光束被转化为热能，材料开始熔化（加工）。要使此熔化作用稳定进行，加工材料表面对激光束的吸收要均匀。也就是说，材料的表面状态对于激光切割效果是非常重要的。切割前，要确认氧化皮是否起伏较小且均匀，查看有无剥离，有无铁锈、油漆之类的污渍。图1-38所示为不同钢材生产厂家所生产材料表面的放大照片，可以看出在表面状态上存在着很大差异。图1-39所示为19mm厚SS400的氧化皮粗糙度 R_a 与激光切割性能的关系。图1-39中激光功率与切割速度的关系：切割质量良好的条件为○，切割面上有缺口或产生毛刺切割质量不佳的条件为△，过烧用×表示。氧化皮粗糙度越好的材料，加工条件的裕度就越宽，切割面粗糙度也越好。日本国内外厂家都在积极开发激光切割用的钢板，将来在质量上一定会有更进一步的改善。

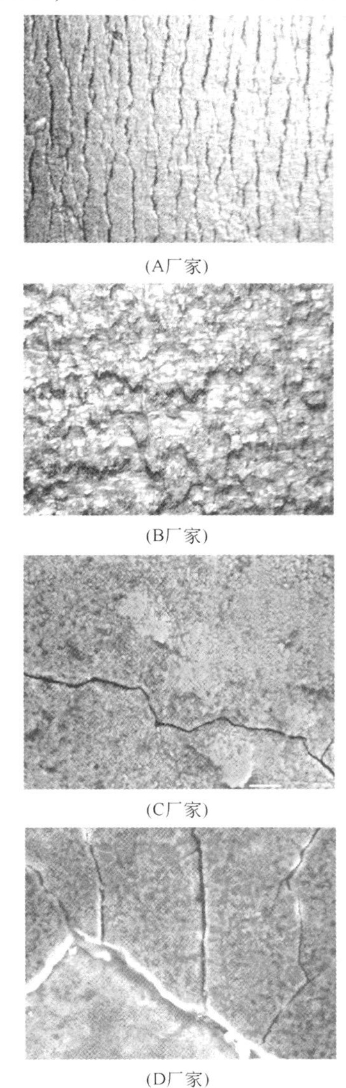

(A厂家)

(B厂家)

(C厂家)

(D厂家)

图 1-38 日本国内各材料厂家的 SS400 表面氧化皮状况

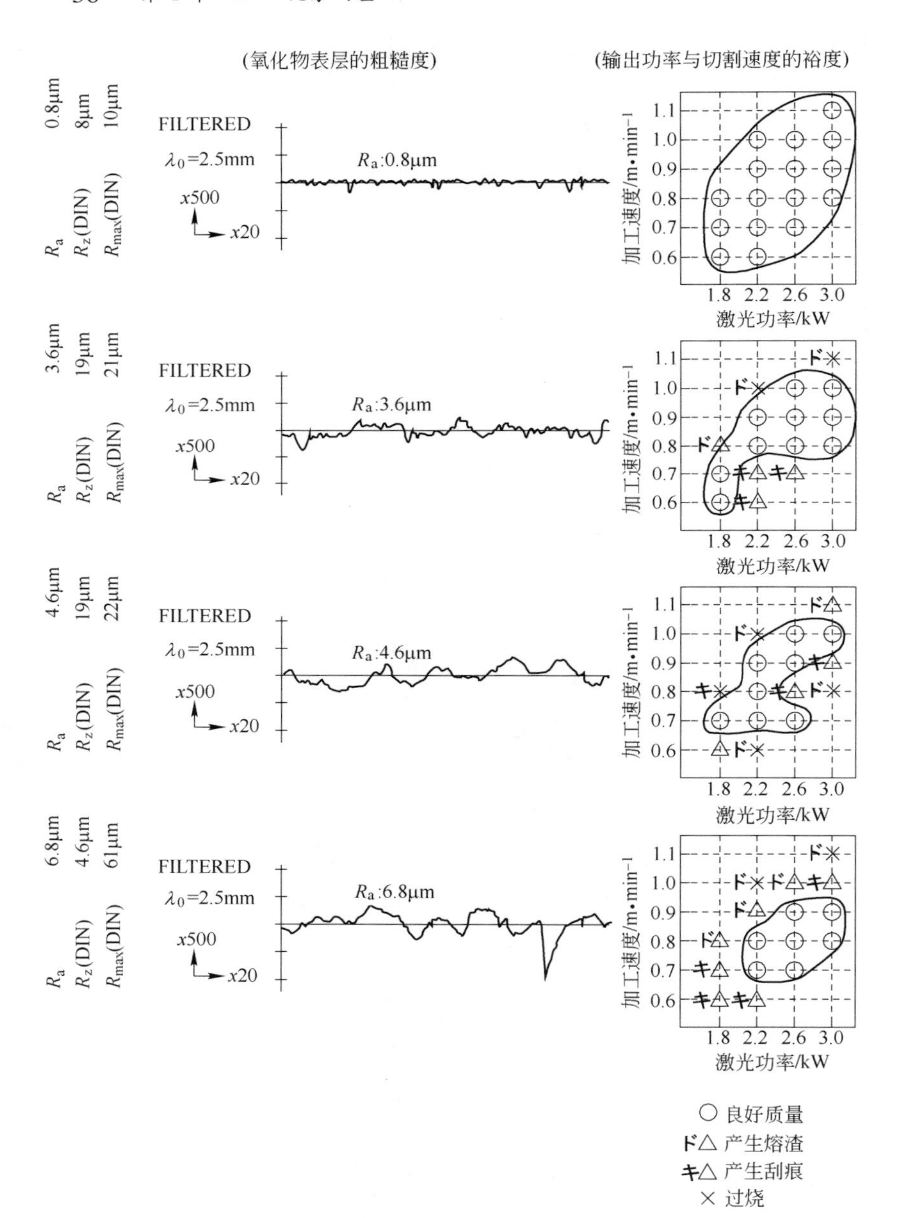

图 1-39 材料表面氧化物粗糙度与加工条件裕度的关系

1.16 光纤激光与 CO_2 激光切割性能的差异

为了更有效地使用光纤激光和 CO_2 激光，有必要充分理解两者各自对于加工的影响，以便分别加以利用。

【现象】

（1）薄板切割。用氮气作为辅助气体的无氧切割，加工部位受激光的吸收率和能量密度这两个因素支配。因此，一般用于不锈钢薄板的无氧切割，光纤激光更宜进行高速切割；而使用氧气作为辅助气体的切割，被加工物的板材加厚，比较激光能量来说，氧化反应则起着支配作用。因此，一般用氧气切割的碳钢，在薄板切割时，两种激光的性能差距很小（见图 1-40）。

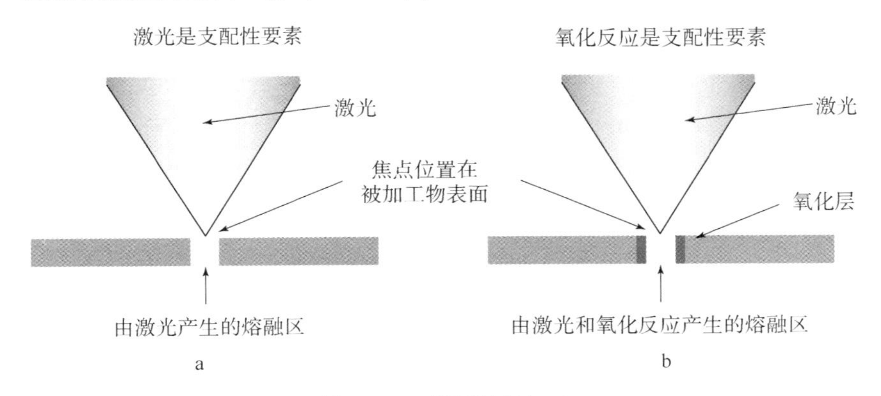

图 1-40 薄板切割加工
a—氮气切割；b—氧气切割

对铝合金和铜等高反射材料的切割，光纤激光因其波长短、反射率低，且聚焦点直径小、可获得能量密度高，因而其加工性能较 CO_2 激光更高。

（2）厚板切割。在厚板切割时，为了有助于排出切缝中的熔融金属，必须用改变焦点位置的方法来扩大切缝宽度。因此不需要小的聚焦点直径，从而两种激光的切割在速度上差别很小。但是，对于高反射材料的铜厚板切割，需首先考虑缩小聚焦点直径以提高其熔融能力，因而光纤激光更为有利，如图 1-41 所示。

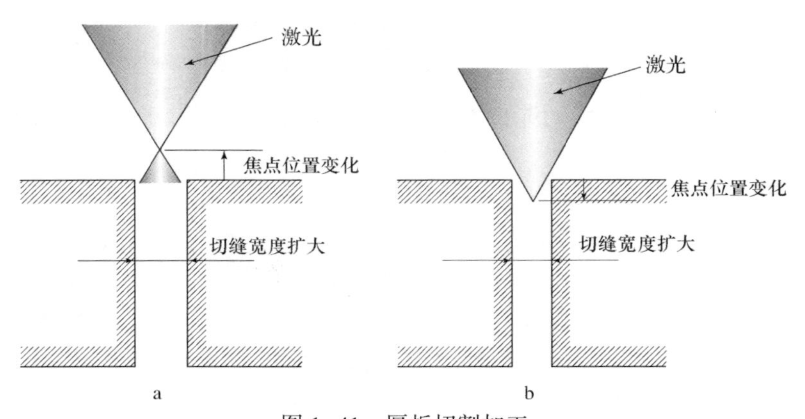

图 1-41 厚板切割加工

a—焦点向上方变化；b—焦点向下方变化

关于加工品质，特别是厚板切割，激光在切缝中多重折射及反射，导致断面的能量吸收量增加，因而波长与反射率对切断面品质的影响较大。如图 1-42 所示，光纤激光加工的碳钢切缝下部较宽，而不锈钢的切割面粗糙等，其加工品质不及 CO_2 激光。

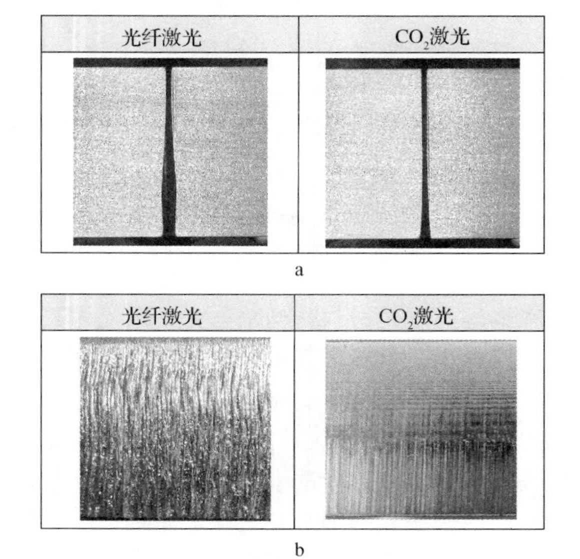

图 1-42 厚板切割品质比较

a—SS400 19mm 的切缝形状；b—SUS304 9mm 的切割面

【原理】

影响加工的主要因素有以下两点：

（1）波长不同。图 1–43 显示了激光波长与各种金属反射率的关系。所有的金属对光纤激光的反射率都相对较低。被加工材料的吸收率由激光的反射率决定，因而也影响了其加工特性。另外，大多数的非金属材料对 CO_2 激光的吸收率都更高。

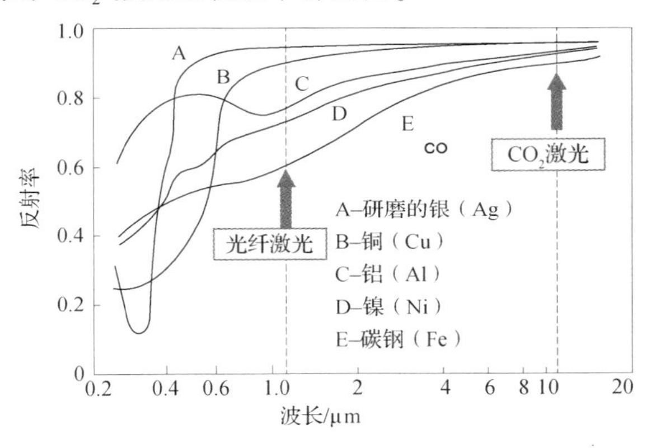

图 1–43 激光波长与反射率的关系

（2）聚焦点直径不同。理论上聚焦点直径与波长成正比，波长短的光纤激光可以获得更小的聚焦点直径。图 1–44 所示是输出功率 1kW 的聚焦点直径与能量密度的关系，聚焦点直径减少 33%，则能量密度增加 225%。

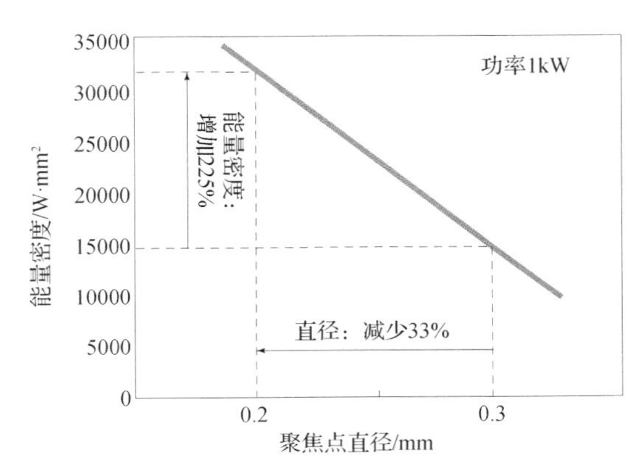

图 1–44 聚焦点直径与能量密度的关系

【总结】

综上所述，对于各被加工材料使用光纤激光和 CO_2 激光的范围，可简单如图 1-45 所示加以区分。但是，这个标准没有考虑加工运行成本。

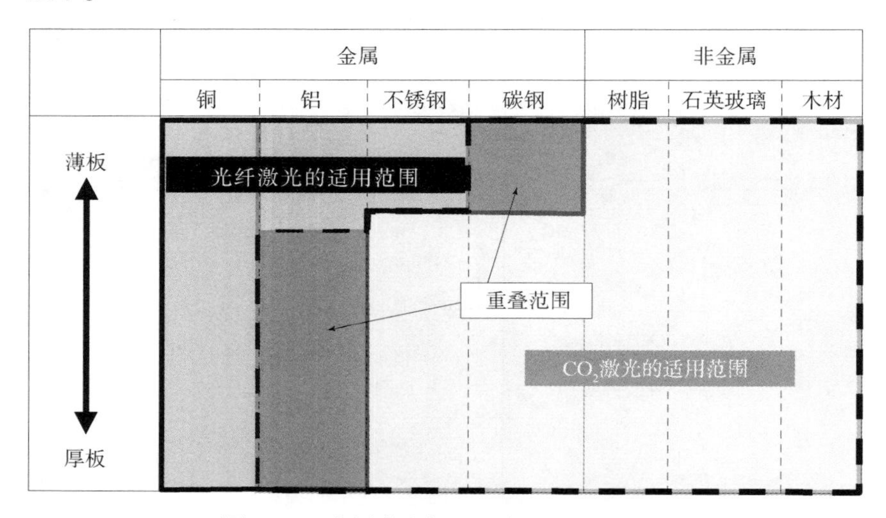

图 1-45 光纤激光与 CO_2 激光的应用区分

1.17 各种材料切割速度的差异

【现象】

图 1-46 显示了输出功率 2.5kW 的 CO_2 激光切割各种材料时板厚与切割速度的关系。在切割铜时，为了降低反射率而使用氧气作为辅助气体。切割铝合金（A5052）和不锈钢（SUS304）时，使用了氮气。

各种材料切割板厚 1mm 时的能力比较如下：

· 铜（1m/min），铝合金（4m/min）为铜的 4 倍；

· 铜（1m/min），不锈钢（8m/min）为铜的 8 倍。

图 1-47 显示了输出功率 2.5kW 的光纤激光切割各种材料时板厚与切割速度的关系。辅助气体与 CO_2 激光切割时相同，铜切割使用氧气，铝合金（A5052）和不锈钢（SUS304）切割使用氮气。

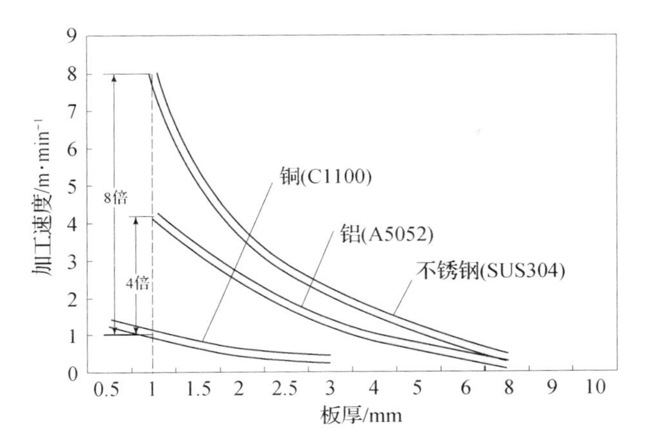

图 1-46 2.5kW CO_2 激光切割

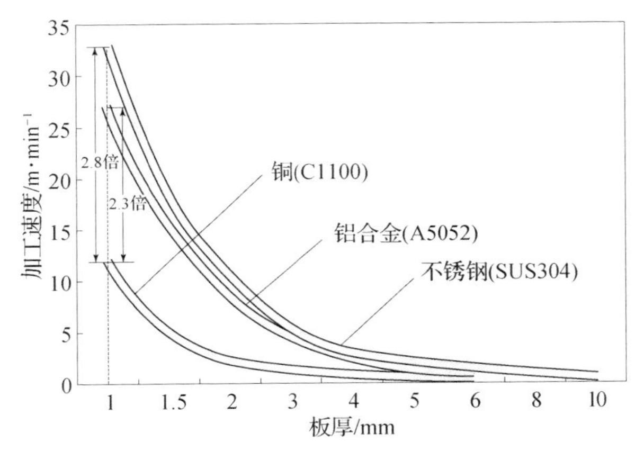

图 1-47 2.5kW 光纤激光切割

各种材料切割板厚 1mm 时的能力比较如下：

· 铜（12m/min），铝合金（27m/min）为铜的 2.3 倍；

· 铜（12m/min），不锈钢（33m/min）为铜的 2.8 倍。

【原因】

不同材料的切割能力受该材料对激光的反射率影响，如图 1-43 所示。反射率高的铜，因会使其熔融的激光能量减少，以及其热传导率高，导致熔融的金属铜更快冷却，因此，相比于其他材料，铜的切割速度要低一些。

另外，切割能力也受聚焦特性的影响。波长短的激光其聚焦特性高，聚焦点部可获得较高的能量密度，提高了金属熔融能力，从而提升了切割速度。

但是，如果板厚增加，切缝宽度越窄（聚焦点直径越小），切缝内通过的辅助气体越不流畅，其结果是降低了熔融金属从切缝中排出的能力，加工物的背面容易附着熔渣。作为对策，则是牺牲聚焦特性、扩大切缝宽度，设定优化切缝中辅助气体流通的条件。因此，光纤激光与 CO_2 激光切缝扩大到相同的宽度时，这两种激光的切割速度差异就不大了。

由图 1-46 和图 1-47 可以看出，板厚 1mm 的切割时因反射率高的 CO_2 激光更容易受到反射率的影响，因而速度差异（倍数）也更大。

第2章

激光加工机的基础

要理解激光加工机各要素是如何对切割能力、切割质量产生影响的，首先需要弄清激光加工机各装置、各零部件的名称及其作用。作为解决问题的关键，对激光及各辅助气体的控制问题至关重要，应细心留意各要素变化时加工现象会相应发生的变化。

2.1 CO_2 激光加工头的功能与结构

【功能】

加工头具有如图 2-1 所示的功能，有着提高加工能力、使加工性能在长时间的连续运转中保持稳定的作用。

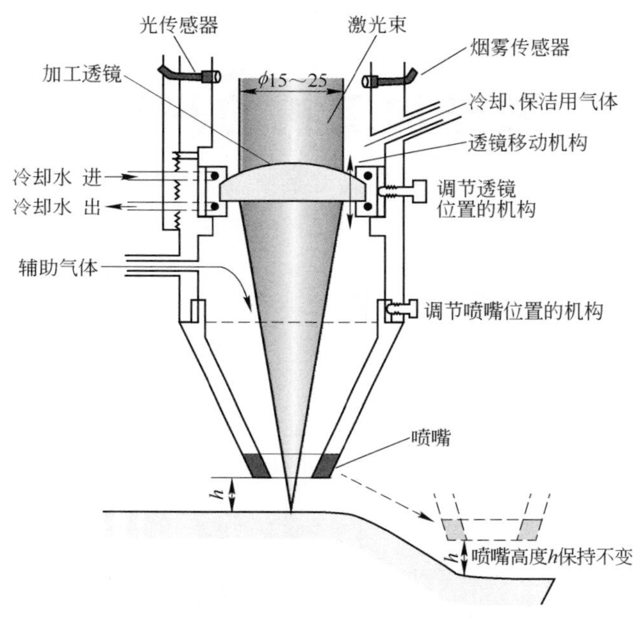

图 2-1 加工头的功能

(1) 加工透镜是用来把从发振器射出的直径为 15~25mm 的激光束聚焦成能量密度最适于加工的光学元件。

(2) 辅助气体被引导到加工透镜下方，与激光束同轴，吹向被加工物。

(3) 喷嘴安装于加工头的前端，有助于控制辅助气体，要根据加工内容进行选择。

(4) 喷嘴具有静电容量传感器的功能，在高速切割中能使被加工物和喷嘴间的距离保持稳定。

(5) 喷嘴的中心与激光束的中心要一致，通常加工头上都会配备有喷嘴位置及透镜位置的调节机构。

(6) 透镜具有相对于加工头能单独移动的功能，可在喷嘴与被加工物间的距离保持不变的情况下改变焦点位置。

(7) 透镜的温度不宜过高，可通过对透镜架进行水冷实现对透镜的间接冷却。

(8) 从透镜的上方向透镜喷射的氮气或干燥空气，起到冷却作用，同时也用于光路保洁。

(9) 加工透镜的上方装有光传感器，是用来测量加工部的光量的，有些也具备对焦、防止过烧、防止产生等离子体等功能。

(10) 加工透镜的上方装有烟雾传感器，具有在透镜被烧坏时使加工停止的功能。

【结构】

无论是二维加工机的加工头还是三维加工机的加工头，基本上都具有上述全部的或部分的功能。在激光切割中，原则上是向被加工物的加工面垂直照射激光束。三维加工机要实现高速切割，就需要对射向被加工物的角度进行高速控制，其加工头的结构也比较复杂。图2-2是二维加工机与三维加工机加工头结构的对比。在为三维加工机选择加工头时，要根据其具体用途而定，用于高速切割的、焊接两用的或加工对象是深拉件的等，其所适用加工头各不相同。

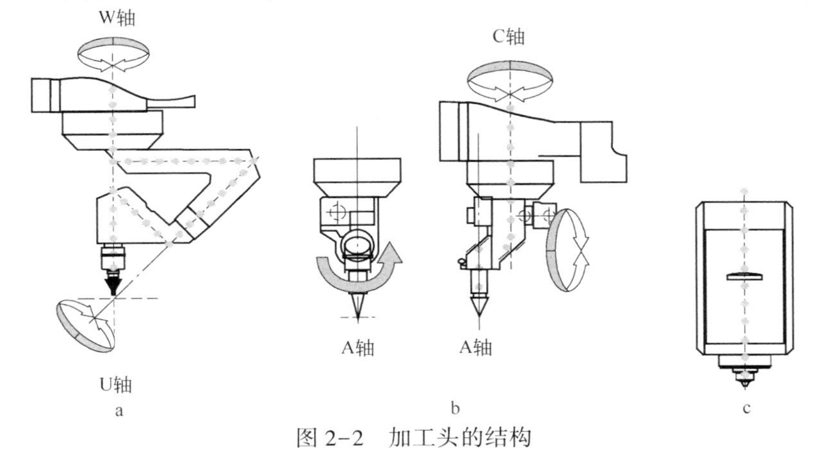

图2-2 加工头的结构

a—三维加工用加工头一点指向型；b—三维加工用加工头偏置型；c—二维加工用加工头

2.2　光纤激光加工头的功能及其结构

【功能】

光纤激光加工头的结构基本与 CO_2 激光加工头相似，具有如图 2-3 所示的功能：

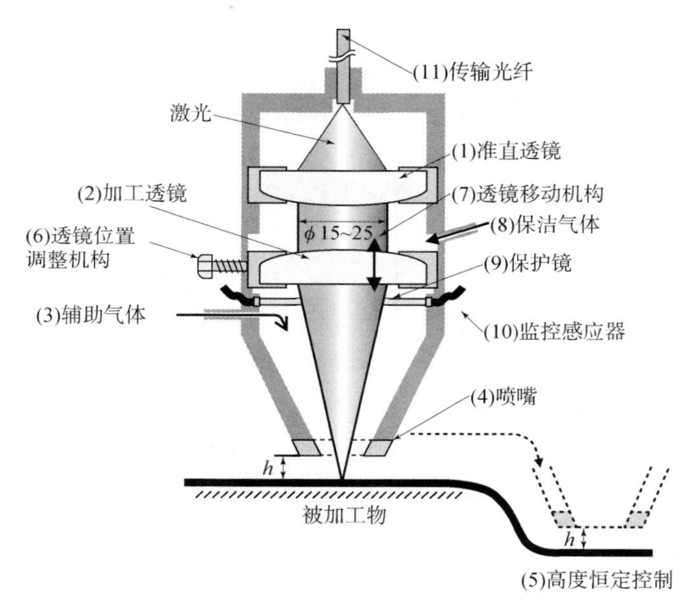

图 2-3　光纤激光加工头

（1）为了提高从光缆中射出的激光的聚光特性，将在下一步调整准直透镜的发散角。

（2）加工透镜对从准直透镜射出的激光，聚集成最适合加工的能量密度。

（3）将辅助气体导向加工透镜底下，与激光同轴喷向加工材料。

（4）加工头的前端装有喷嘴，由此可对辅助气体进行控制。喷嘴可根据加工目的选择最合适的。

（5）时下喷嘴一般都配有电容感应器功能，由此可保证在加工中即使是高速切割，喷嘴与加工材料之间的间距也保持不变。

（6）激光束需要位于喷嘴的中央，加工头上也就需要配备调整喷嘴位置或透镜位置的功能。

（7）喷嘴与加工材料间要保持间距不变，就需要让焦点的位置进行变化，由此透镜具备独立于加工头单独运动的功能。

（8）在透镜上方充入氮气或干燥空气向加工头内部加压，由此可防止粉尘趁机而入。

（9）保护镜起着保护加工透镜、防止透镜表面脏污的作用。

（10）保护镜侧面装有感应器，由此可对保护镜的状态进行监控。同时，还可配置当发现保护镜被烧时停止生产的功能。

【结构】

在此以二维加工机的切割头为例进行讲解。不难想象，那些根据不同加工对象而要频繁更换不同式样加工透镜的生产现场，无疑要求加工头结构在更换作业上要尽量轻松易操作，同时还须做到可推动高速生产的轻量化。此外，加工头普遍都采用了可在发生突发性碰撞事故时，可极力吸收对主体的冲击力减小损坏的结构。很多产品采用的是用磁铁固定加工头的结构，由此可在发生碰撞后轻松完成修复，胜任批量生产要求。

2.3 CO_2 激光加工机上光学元件的布局

【结构】

共振器内配有调制激光用的光学元件，在加工机端配有将激光束引导到加工头的光学元件以及最后进行聚光的光学元件。

（1）激光共振器内的光学元件。图 2-4 为光学元件布置简图。该图所示为在切割加工领域中应用比较普遍的二氧化碳激光共振器内所用光学元件。在激发激光的介质（包括 CO_2 在内的气体）的两端分别配置有全反射镜（TR 镜）和半反射镜（PR 镜）。要得到更高的输出功率，就需要扩大 TR 镜与 PR 镜间的间隔，通常是通过配置多个全反射镜，让光束反复进行折射，来达到扩大间隔的目的。

如图 2-5 所示，在光学元件中，TR 镜之类的全反射镜可以从整

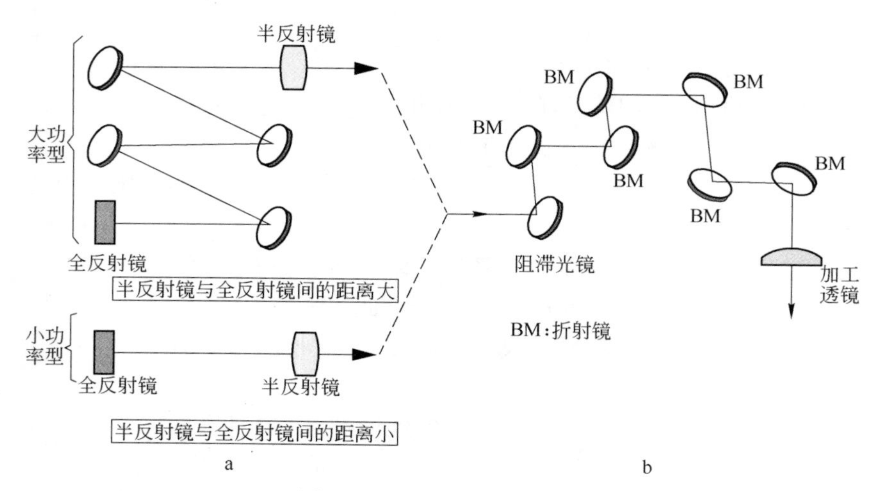

图 2-4　光学元件布局简图

a—共振器的光学元件位置；b—加工机及加工头的光学元件位置

个背面进行冷却，不会产生热镜效应。而 PR 镜因为是激光束可穿过的透过型光学元件，冷却只能对其边缘面进行，是会产生热镜效应的。

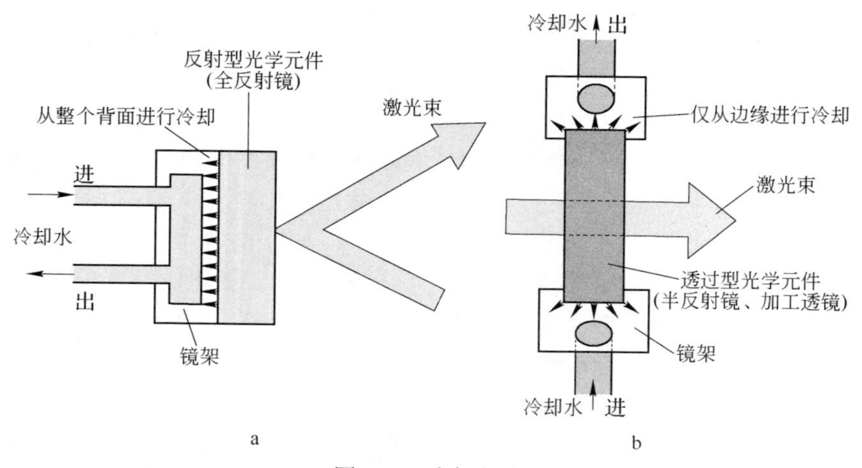

图 2-5　冷却方法

a—反射型光学元件的冷却方法；b—透过型光学元件的冷却方法

（2）加工机端的光学元件。加工机端配置有多个全反射镜（折射镜：BM）和圆偏光镜（阻滞光镜），激光束由此被从共振器引导到加工头处。BM 的布局依加工机的类型（飞行光路型、混合光路型、工作台驱动型）而有所不同。

飞行光路是指加工头能在加工台的加工范围内任意移动的光路类型。由于激光束所固有的发散角，激光束的直径会在移动中发生变化，从而导致加工上的不稳定。如图 2-6 所示，飞行光路上配置等光程装置，就可以使加工头处激光束的直径保持不变[4]。如果因成本等原因不能配置等光程装置，也可以通过设置凹凸镜来缩小激光束的发散角。

（3）加工头。加工头内的透镜和 PR 镜一样，也是可透过激光束的光学元件。透镜的冷却是通过对透镜架的冷却而实现的间接性冷却，因此冷却能力不是很充分。另外，因为透镜距加工点很近，很容易被弄脏，也是容易产生热透镜效应的原因之一。

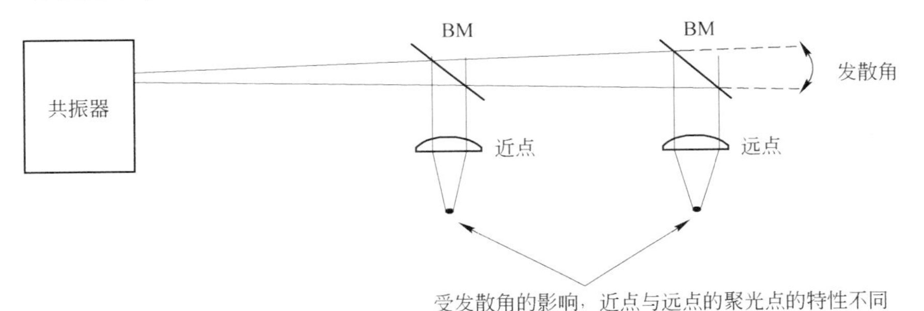

a

- 从加工位置E移动距离l到达E'后，B与C也分别移动1/2l到达B'与C'处
- 使A–B–C–D–E的距离始终保持一定的机构
- 不受发散角的影响，可始终在相同聚光特性下进行加工

b

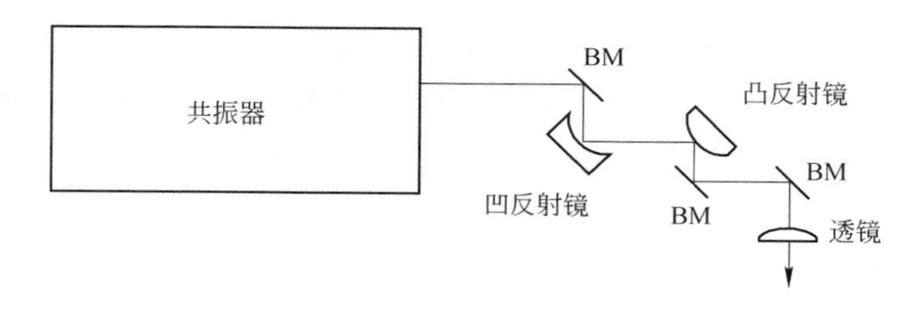

• 使用凹凸反射镜纠正发散角
• 需要针对透镜的位置对凹凸曲率进行优化

c

图 2-6 发散角的影响及其改善

a—受发散角的影响加工不稳定；b—利用等光程方式提高加工的稳定性；c—通过搭配凹凸镜来纠正发散角

2.4 光学元器件在光纤激光加工机上的布局

【结构】

光纤激光是以光纤为介质的激光的总称。光纤激光发振器的结构，如图 2-7 所示，在激光发振器中算是最简单的了。

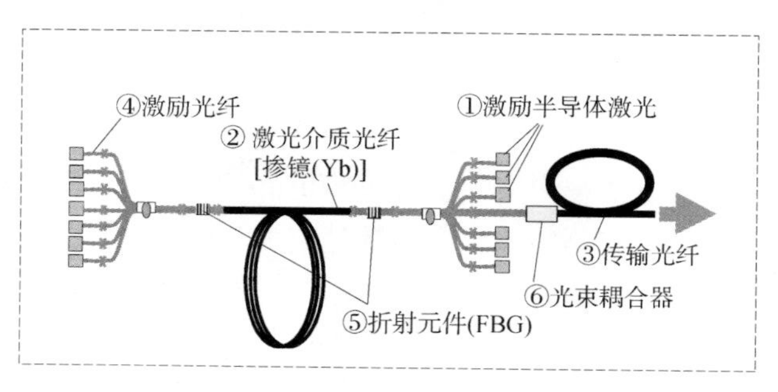

图 2-7 光纤激光发振器

(1) 激光谐振器中的光学元器件。主要结构零部件为用于激励的半导体激光（LD）①和三种光纤：激光介质光纤②、传输光纤③及激励光纤④。激光介质光纤也称活性光纤。在光纤中的折射元件⑤（FBG，光纤布拉格光栅）起到了谐振器的全反射镜及部分反射（输出）镜的作用。FBG 在纤芯部分形成折射网格，仅对某特定波长的光线进行反射，起到反射镜的作用。因为谐振器是直接融入在光纤中的线芯部分，因此无须进行校准，而具有不受振动、热能乃至脏污等外界因素干扰影响的特点。

谐振器的结构部件为模组化结构，模组个数可根据所需功率相应并联起来，即可根据需要而形成高功率（见图 2-8）。

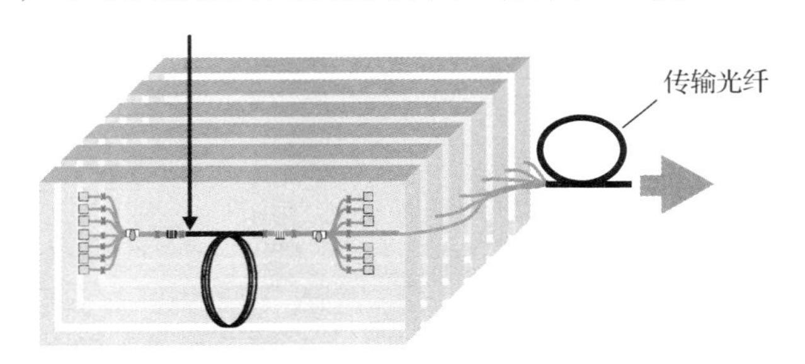

图 2-8 模组结构可实现高功率化

（2）加工机的光学元器件。从多个模组中射出的激光束通过耦合器⑥集成 1 个，并被引导到③传输光纤处。由此可见，加工机内不存在因外界原因而导致脏污的要素（如反射镜），与 CO_2 激光相比，在维护保养的便捷性上极具优势。其中会发生热透镜效应的光学元器件为加工头部分的准直透镜、加工透镜以及保护镜。

在通过光纤传输激光的加工机上，其光路系统设计非常单一，因此可与焊接机器人搭配使用，构建出简单的加工机系统。当然，不能忘记在系统中采取充分的安全措施来隔离加工中所产生的反射光。

（3）加工头。设置在加工透镜底下的保护镜，因其极其接近加工部分（加工位置），很容易粘上在照射中产生的物质。当然，如果保护镜脏污严重，就会引起烧毁等事故，因此，保护镜上一般需内置监控感应功能。

2.5 热透镜效应对切割加工的影响

【现象】

激光束穿过不干净的加工透镜或 PR 镜等光学元件时，镜上的污渍会吸收激光束。光学元件吸收了激光束后，温度会上升甚至发生变形，折射率也会发生变化，结果就如图 2-9 所示，加工透镜的聚光能力下降、焦点位置发生变化。光学元件的污渍所吸收的激光束的比例称为光束吸收率，即使加工透镜是新的，光学元件也多少会吸收一些光束，新透镜的吸收率约为 0.2%。

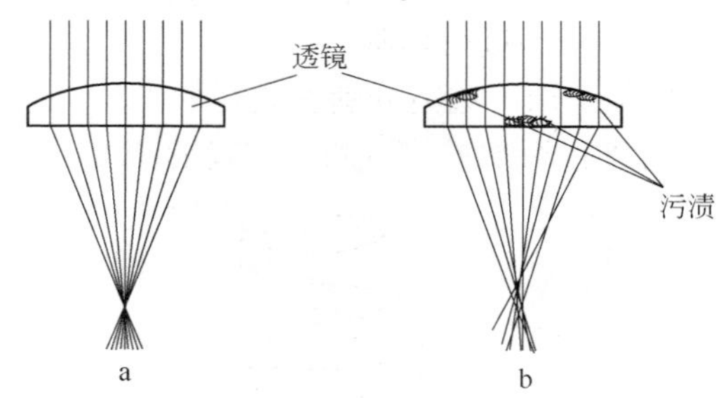

图 2-9　热透镜效应的产生

a—吸收率低的透镜时的聚光特性；b—吸收率高的透镜时的聚光特性

【对加工的影响】

图 2-10 所示为用三种污渍程度不同、吸收率也不同的加工透镜进行切割实验的结果。吸收率越高，说明加工透镜污渍越多。切割条件参数为：输出功率 2300W、切割速度 1200mm/min，切割对象是 12mm 厚的碳钢材料。

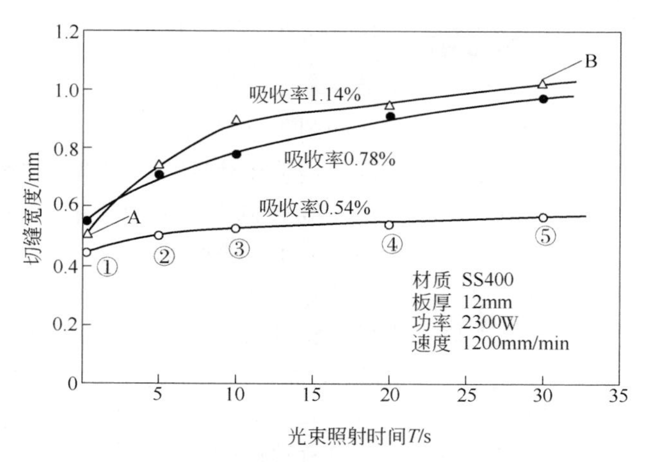

图 2-10　热透镜效应引起的切缝宽度的变化

图 2-10 所示各点分别为：

① 照射激光束后，立即进行切割；

② 照射 5s 后，立即进行切割；

③ 照射 10s 后，立即进行切割；

④ 照射 20s 后，立即进行切割；

⑤ 照射 30s 后，立即进行切割。

具体做法是把每个加工透镜分别安装在加工头上，分别让激光束先照射 0~30s 后再进行切割，然后测量切缝的宽度（见图2-11）。

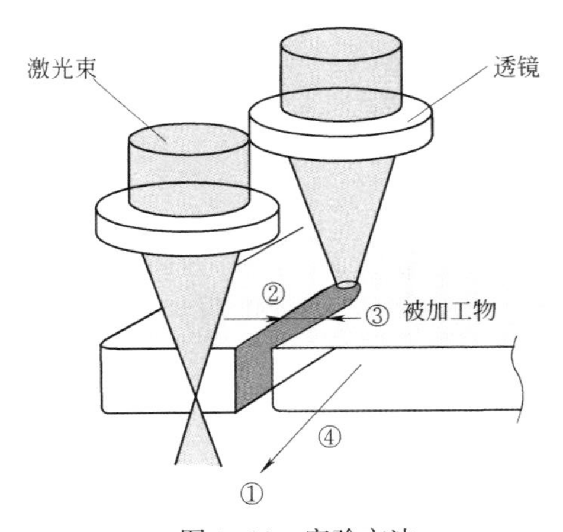

图 2-11 实验方法

①—在材料边缘外侧照射 T 秒光束；②—照射光速后切割；
③—测量切缝的宽度；④—将加工透镜冷却后，再从步骤①反复进行

无论使用哪种加工透镜进行切割，结果都是①，即在照射激光束后立即进行切割时。由于此时加工透镜还处于冷却状态，切缝宽度都是基本相同的，在 0.5mm 左右。但是，随着激光束照射时间的增加，透镜不同，吸收率的差异就表现出来了。吸收率越高，焦点位置的偏移量就越大，切缝宽度也就变得越宽。从一开始照射到照射 10s 左右时，激光束焦点变化急剧，而后变化渐慢。图 2-11 所示为使用吸收率为 1.14%的加工透镜，照射激光束后，立即进行切割时的切缝宽（见图 2-12a）和激光束照射 30s 后，进行切割时的切缝宽（见图 2-12b）。图 b 中的一个方向上的切口处产生了加工缺陷，这说明激

光模式在圆整度上出现了紊乱。如果透镜脏到实验中所用加工透镜的状态时，即吸收率高达 1.14%时，则加工透镜是很难仅靠清洗就能把吸收率完全恢复到原来状态的。

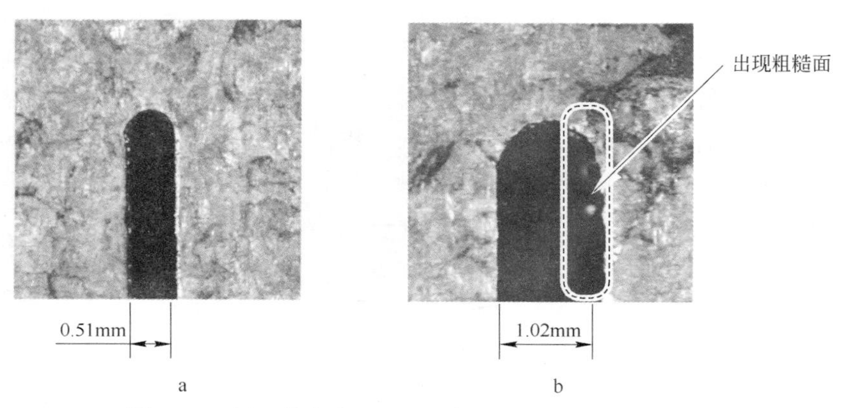

图 2-12 用吸收率为 1.14%的加工透镜进行切割的结果
a—无事先照射的切割宽度；b—光速照射 30s 后的切割宽度

2.6 热透镜效应及其不良原因的分辨方法（初级判断）

【现象】

激光束透过的光学元件（如加工透镜、PR 镜或窗口等）存在污渍时，激光束透过后会发生热透镜效应，切割面会因此而变粗糙，并会出现挂渣，甚至还会发生过烧。切割质量变差时，判断其是否系受热透镜效应的影响时，首先要查看光学元件的性能是否随着激光束的照射时间而发生变化。刚开始加工时，光学元件还处于低温状态；而随着加工的进展，热透镜效应的影响就会从切割面质量上表现出来。

【原因】

对反射型光学元件（如折射镜）可以从其背面直接进行高效冷却，反射型光学元件几乎不会发生热镜效应；而透过型光学元件则只能通过对其周围的冷却进行间接冷却，光学元件的两个面又都会产生热，因此很容易产生热透镜效应。光学元件在温度升高时会产生热变形，激光束的折射率也会发生变化，激光束的聚光特性也因此而产生变化。

【分辨方法】

对所切割工件的加工开始处与加工结束处的切割面进行比较：在加工开始处，由于激光束照射的时间短，光学元件还处于低温状态，因此热透镜效应的影响比较小。而在切割时间需要 10s 以上的加工结束处，则因为光学元件受激光束照射的时间较长，所以会发生热透镜效应，焦点位置、光束模式也都会发生变化。一旦焦点位置发生变化或光束模式发生变化，在持续照射的加工中，是不会自动返回到原来状态的。加工如图 2-13 所示的加工形状后，对其加工开始处 *A* 和加工结束处 *B* 的切割面进行比较，如果 *B* 的加工质量变差，则说明发生了热透镜效应；如果 *A* 处和 *B* 处质量都是同等程度的良好状态时，则说明没有发生热透镜效应。对不锈钢材料进行是否发生了热透镜效应的确认时，需要观察加工开始处与结束处的挂渣状况，如果加工处的毛刺量增加，就说明有可能是发生了热透镜效应。

另外，为了排除光束模式的不均匀性或光轴的倾斜等的其他原因所引起的方向性因素，应注意在比较时一定是对相同切割面（相同加工方向）进行的比较。

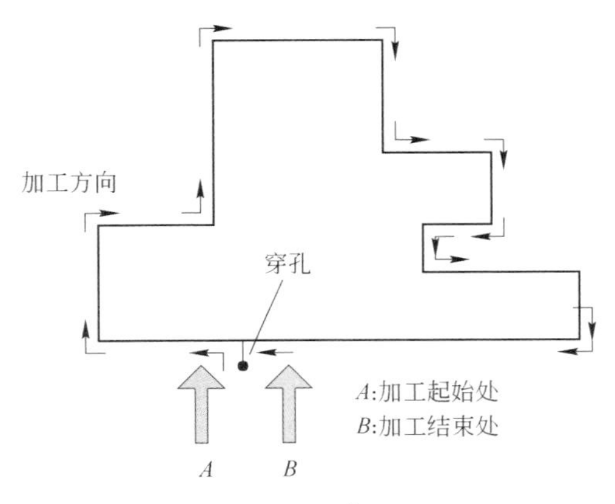

a

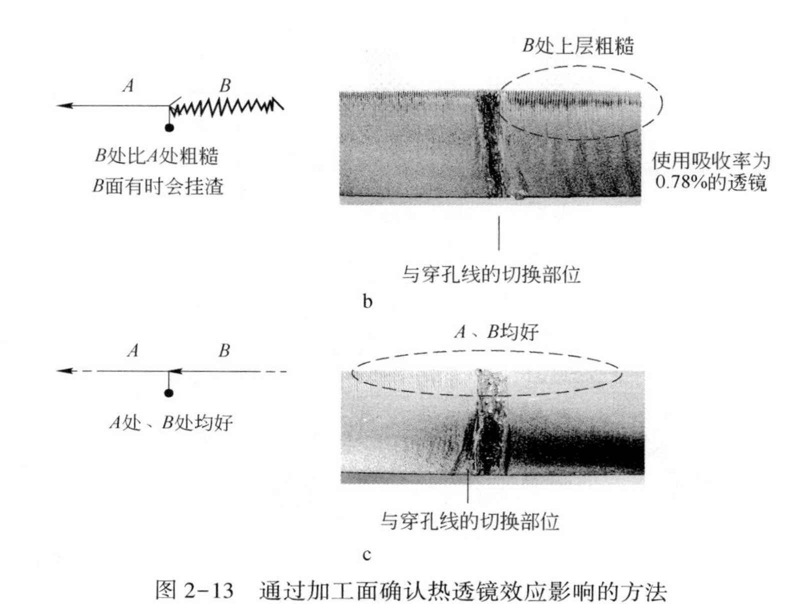

图 2-13 通过加工面确认热透镜效应影响的方法

a—加工方向；b—发生热透镜效应时；c—没发生热透镜效应时

2.7 热透镜效应及其不良原因的分辨方法（进一步判断：CO_2 激光）

【现象】

通过初级判断确认了加工不良的原因可能是来自热透镜效应后，接下来就需要判断是透过型光学元件中的 PR 镜与加工透镜中的哪一个发生了热透镜效应？可通过如下步骤进行确认，找到原因所在。

【分辨方法】

基本方法是：（1）对光学元件不施加热负荷；（2）仅对 PR 镜施加热负荷；（3）同时对 PR 镜和加工透镜施加热负荷，之后对三种情况下的加工质量进行比较。

图 2-14 所示为进行确认时的切割方法。准备好产生加工不良的材料，从其边缘开始切割，确认切缝宽度。进行确认工作时，要注意在每次加工之前冷却 1min 以上。

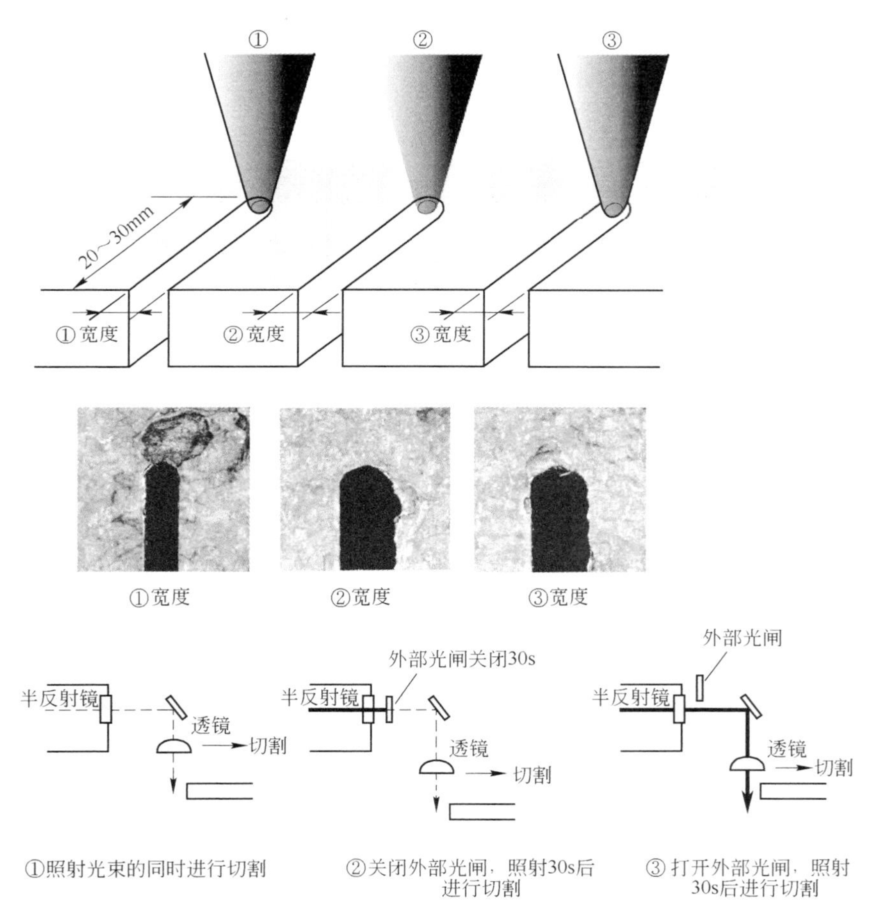

图 2-14 确认产生了热透镜效应的位置所在

(1) 照射光束后，立即（没有等待时间）切割。以此切缝宽度作为标准。

【加工透镜和 PR 镜都还处于低温,没有发生热透镜效应】

(2) 在发振器的外部光闸关闭的情况下，激振（照射光束）30s后，打开外部光闸进行切割。

【仅对 PR 镜施加热负荷,加工透镜处于低温状态】

(3) 打开光闸激振 30s 后再进行切割。

【对加工透镜和 PR 镜都施加热负荷的状态】

对在以上三种情况下加工出的切缝宽度（上部切缝宽度）进行比较。

（1）如果①、②、③全都是相同的缝宽(①=②=③)，则说明没有发生热透镜效应。

（2）如果①和②是相同的宽度，仅③变宽(①=②<③)时，则说明加工透镜发生了热透镜效应。

（3）如果②和③的切缝宽度相对于①来讲，所增加的宽度相同(①<②=③)时，则说明 PR 镜发生了热透镜效应。

（4）如果切缝是按照①、②、③的顺序渐渐变宽(①<②<③)，则说明 PR 镜和加工透镜都发生了热透镜效应。

通过以上步骤的确认，如果确定发生了热透镜效应，则须向负向（下方）调整焦点位置以便应急。常规做法则是对 PR 镜和加工透镜进行清洗，如清洗后切缝宽度仍没有变化，则说明光学元件需要更换了。

2.8　热透镜效应与其他缺陷原因的辨别方法（进一步判断：光纤激光）

【现象】

初步判断时，如果觉得可能原因是出自热透镜效应，接下来就需要进一步辨别看是易沾脏污的透光性光学元件（加工透镜和保护镜）中的哪一个出现了热透镜效应。按步骤依次操作分析下去，就可找到原因所在。

【辨别方法】

基本判断方法就是对在下列几种情况下的加工质量进行比较：（1）不对光学元器件施加热负载的情况；（2）对加工透镜和保护镜都加热负载；（3）排除保护镜上的脏污因素施加热负载的情况。

图 2-15a 中显示了找原因时的切割方法。首先准备好产生加工缺陷的材料，然后从其边缘进行切割并对比切口宽度。对比切割时，加工与加工之间最少要安排 1min 的冷却时间。

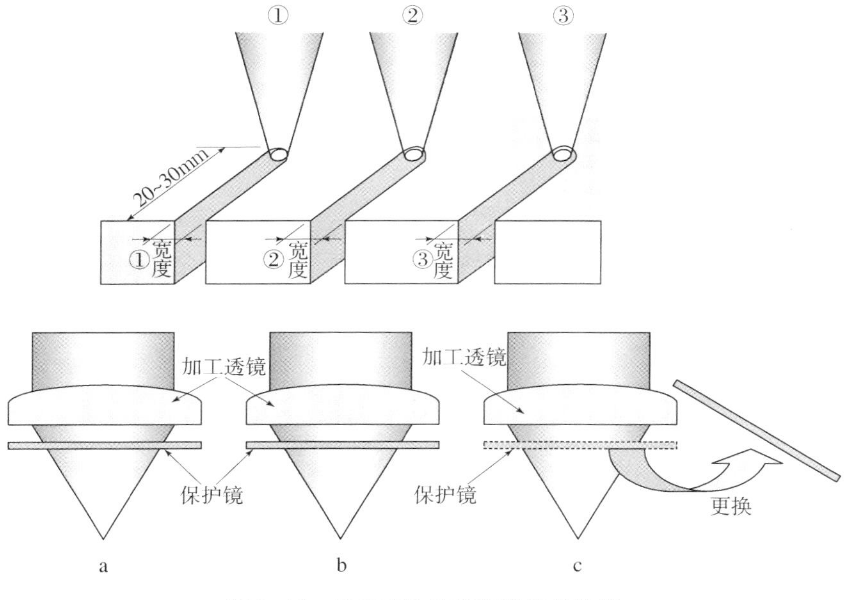

图 2-15 确定产生热透镜效应的位置

a—在无热负载下加工；b—施加热负载进行加工；c—更换保护镜加工

（1）光束开始照射后，要迅速（没有等待时间）进行切割。切口宽度以此情况为准。

【加工透镜和保护镜都处冷却状态,不存在热透镜效应】

（2）在材料边缘照射 30s 后进行切割。

【对加工透镜和保护镜都施加热负载的状态】

（3）将保护镜换成新的，然后在材料边缘照射 30s 后进行切割。

【为了将加工透镜因素和保护镜因素区分开来】

对通过以上 3 种加工所得到的切缝宽（上层切口宽度）进行比较，如图 2-16 所示。

（1）①的切缝宽和②的切缝宽相同时（①宽度=②宽度），说明未发生热透镜效应。

（2）②和③的切缝宽都比①的切缝宽要宽时（①宽度<②宽度≤③宽度），说明加工透镜或保护镜发生了热透镜效应。

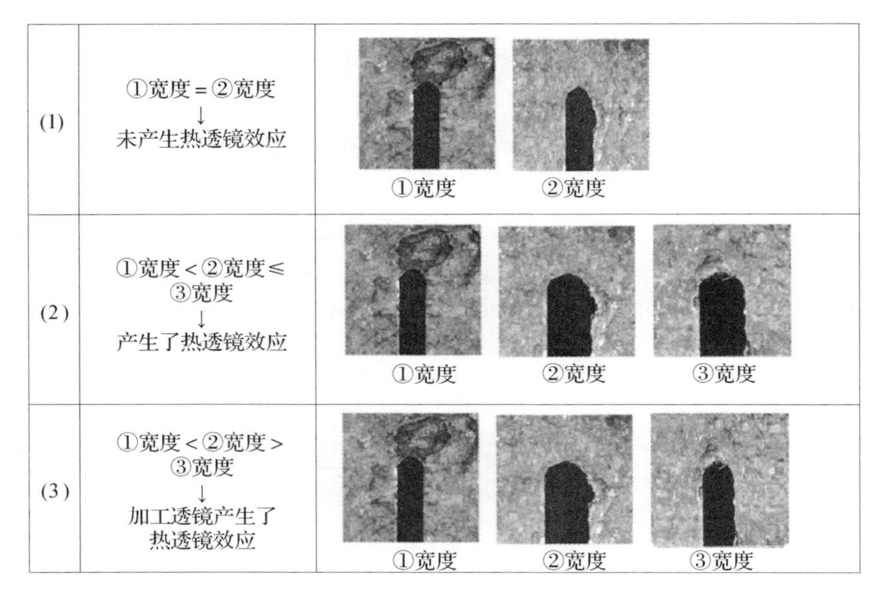

图 2-16 确定热透镜效应产生的位置

（3）①的切缝宽比②窄，但比③宽（①宽度<②宽度>③宽度）时，说明加工透镜发生了热透镜效应。

通过上述分析作业，确定是发生了热透镜效应时，作为应急措施，就可将焦点位置设置在负值上，要考虑热透镜效应对焦点位置的影响而对条件进行相应设置。作为持久解决办法，就是清洁加工透镜及保护镜。清洁后，切缝宽没有变化时，就务必对光学元件进行更换。

2.9 用长焦距透镜对焦点时注意事项

【现象】

对焦点，就是找出加工透镜聚焦后的最小光点（焦点）的位置。具体方法是：用氮气作辅助气体，边照射低功率的激光束边找出蓝光（产生蓝白色的亮光）亮度最高的位置。短焦距透镜时的蓝光亮度鲜明，且发生范围狭窄，比较容易找到。透镜的焦距越长，蓝光的亮度就越暗，且产生的范围也比较宽，焦点寻找起来比较困难。

【原因】

蓝光法是仅对材料的表层部分照射高能量密度的激光束，通过材料在蒸发的瞬间所产生的光的亮度来决定焦点位置的方法。透镜的焦距越长，光点直径就会越大，焦点位置或其附近的能量密度就会越低，蓝光的亮度也会下降，焦点位置（见图 2-17）的寻找就会变得越困难。另外，如果输出功率的设定是一个提高式设定，则焦点深度会变大，蓝光的产生范围也会变大，也不容易找到精确度很高的焦点位置。

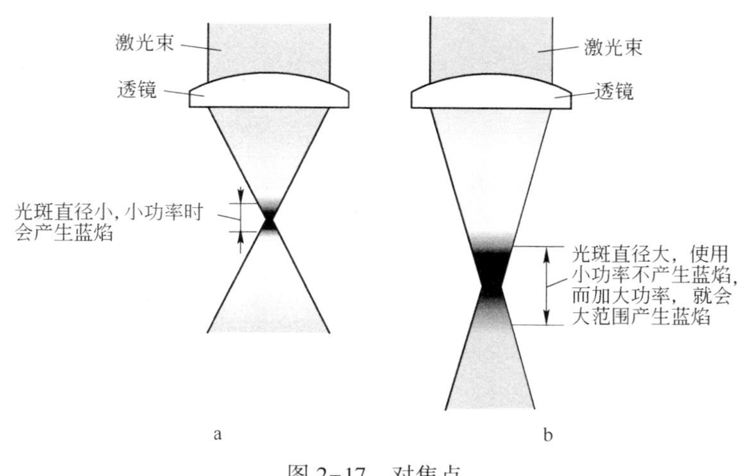

图 2-17 对焦点
a—短焦距透镜；b—长焦距透镜

【解决方法】

由于焦距长的透镜的焦点位置光点直径大、能量密度低，所以在加工条件的设定上需要通过增加输出功率进行补偿。但是，由于焦点深度会同时变深，也就是说焦点的范围会变宽，因此焦点位置的精度会变差。

解决方法如图 2-18 所示。

（1）在加工条件的设定上，要让平均输出功率保持低功率，增

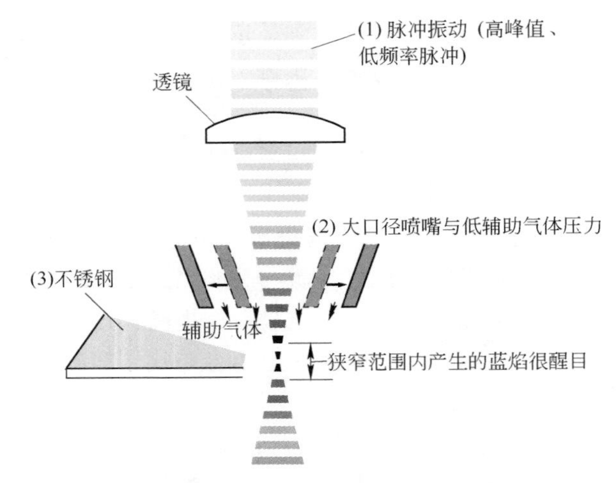

图 2-18 利用脉冲式照射进行对焦

加每一脉冲的功率，也就是说加大脉冲的峰值功率、降低脉冲频率，就可以使瞬间的能量密度增大，得到亮度更大的蓝光。

（2）辅助气体的条件也会影响亮度。找焦点时，要尽量使用低压且能大范围屏蔽的气体条件，建议使用大口径喷嘴。

（3）找焦点时要注意所用材料的表面状态。当碳钢材料的表面有氧化层或油膜时，或是已多次用来做过对焦点的材料时，蓝光的亮度将会变得不够明显。建议对焦点时，使用表面状态良好的不锈钢材料。

2.10 辅助气流的基本特性

【现象】

辅助气体（流体）从喷嘴喷出后，周围的空气会顺势侵入，气体浓度会因此而下降，且距喷嘴口越远，流速和压力就下降得越多。此现象将直接影响到加工性能。

（1）气体浓度的下降。图 2-19 显示了气体从喷嘴内喷出后，气体浓度随着从喷嘴出口的远离而逐渐下降的情况。这主要是因为气体从喷嘴喷出后，会将周围的气体（空气）卷入，气体浓度因此而降低。图 2-19 中，C_0 为喷嘴内的气体浓度，C 为距喷嘴远近各距离的气体浓度，浓度比用 C/C_0 表示。$C/C_0=1$，就意味着气体浓度水平等同于喷嘴内气体浓度，仅限于距喷嘴很近的一点点的范围。在碳钢的厚板切割中，燃烧作用在切割中起着主导作用，氧气浓度稍稍降低都会导致切割质量变差，应特别注意。

（2）气体压力的下降。从喷嘴喷出后的气流将如图 2-20 所示。气体在喷出后将会拖动周围的气体一起流动，流速在气流中心为最大，然后从中心沿半径方向逐渐变小。气体从喷嘴喷出后，气体压力能够维持在与喷嘴内同等水平的范围称为潜在核，此潜在核的长度与喷嘴的直径成正比。在切割不锈钢厚板时，需要使用直径大的喷嘴以加大潜在核的长度，达到防止挂渣的效果。图 2-21 所示为对从 1.5mm 直径喷嘴喷出的辅助气体压力的测量结果。图 2-21a 是对距喷嘴前端 0~11mm 位置上的垂直方向的测量结果。喷嘴内的压力设为 0.12MPa，在距喷嘴前端 0.5mm 之内的范围内，气体压力基本保持

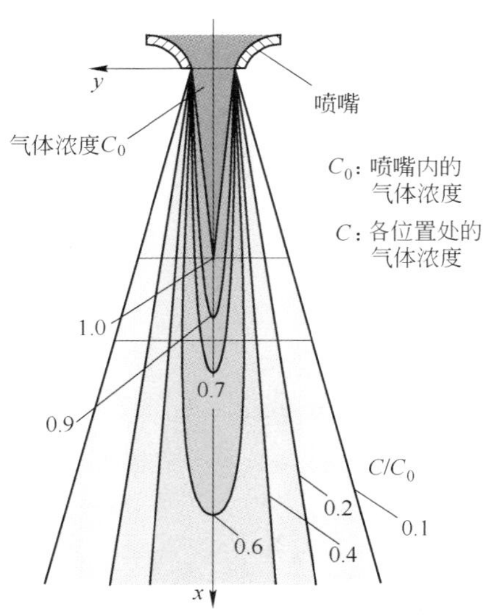

图 2-19 从喷嘴喷射出的辅助气体的浓度变化（气体喷流的等浓度线）

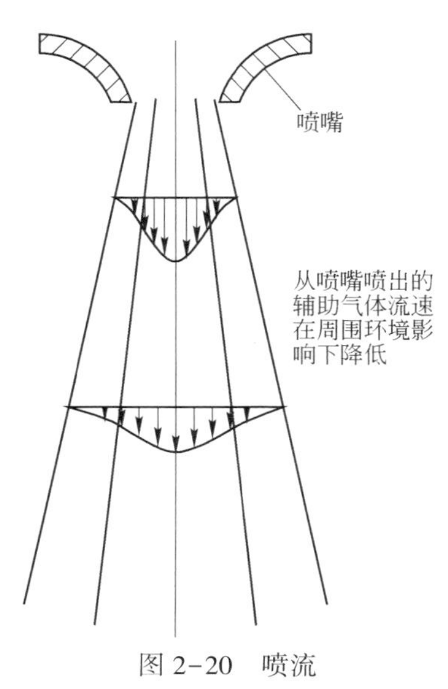

图 2-20 喷流

在0.1MPa以上，之后则急剧下降。图2-21b是对喷嘴下1mm位置处的水平方向气体压力进行测量的结果。在相当于喷嘴半径的0.75mm范围内，压力保持在0.7MPa；之后，随着对喷嘴中心的远离，压力开始急剧下降。

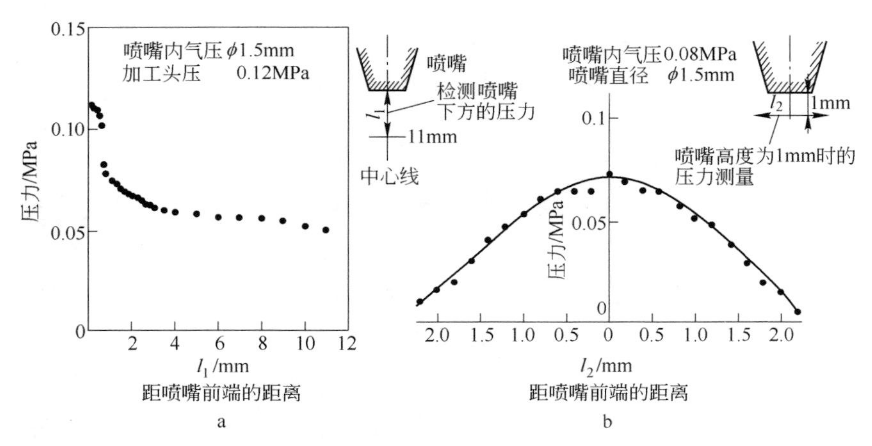

图2-21 辅助气体的压力分布

a—喷嘴前端的动压分布；b—喷嘴下1mm的半径方向的动压分布

对于期待氧气的屏蔽效果或期待用氮气等高压气体条件去除熔融金属的加工中，要充分考虑到如上所述的辅助气体从喷嘴喷出后的特性，以实现最优加工。

2.11 合适的喷嘴与辅助气体条件的选择

本节讨论有关合适的喷嘴及气体条件的思考方法（见图2-22）。

A 高压氮气的无氧化切割

【现象】

（1）在厚板的无氧化切割中，受辅助气体条件影响而容易表现出的加工质量问题是被加工物背面上的挂渣问题。合适的喷嘴需要满足的条件是：能减少毛刺、减少辅助气体流量、降低运行成本。

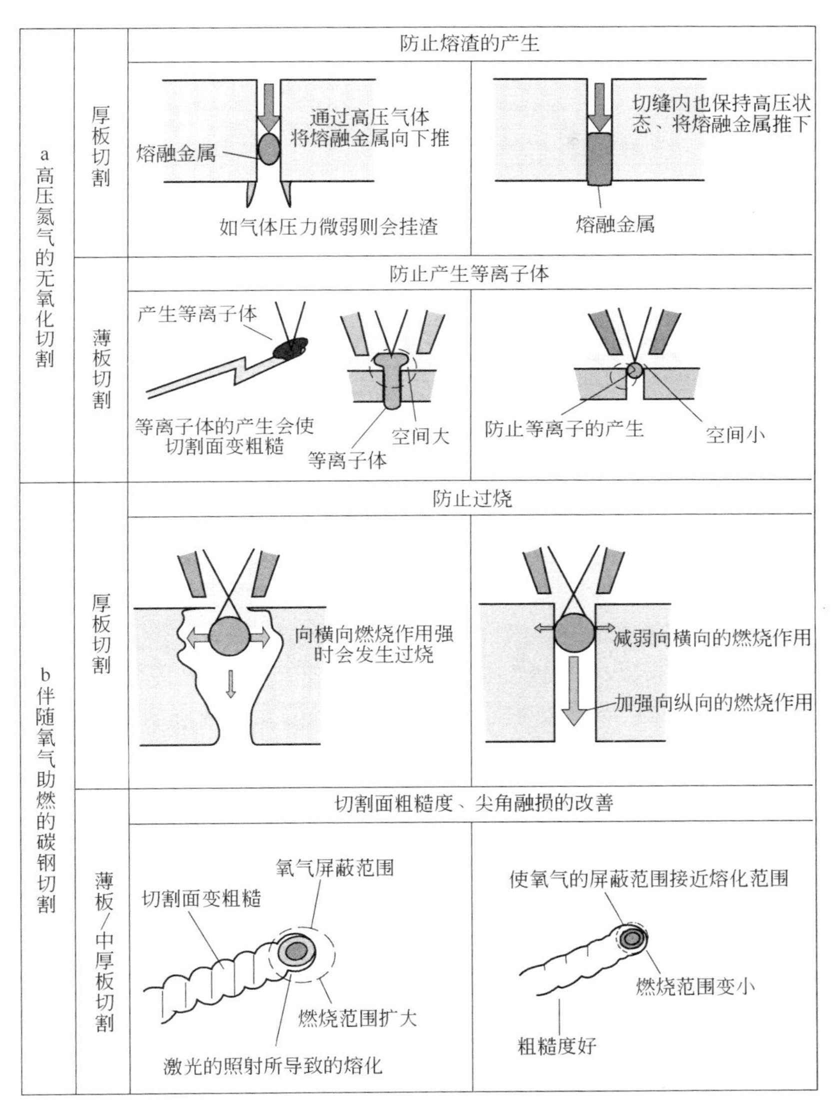

图 2-22 选择合适的喷嘴与气体条件

（2）在薄板的无氧化切割中，容易受辅助气体条件的影响而出现的加工质量问题就是在高速切割时会产生等离子体。等离子体的产生因切割方向而异，切割面质量也因此而不均等。如所选用的喷嘴合适，则可抑制此切割面质量偏差的产生。

【原理】

(1) 在切割中，板材越厚，则把熔融金属从切缝中排出所需的辅助气体压力的动量作用就越重要。

(2) 在薄板的高速切割中，金属的熔融温度很高，很容易产生等离子体。喷嘴下空间对等离子体的产生起着很重要的作用，要抑制等离子体，就要减小等离子体的产生空间。

B 通过氧气助燃的碳钢切割

【现象】

在碳钢切割中，厚板、薄板、中厚板的加工原理是完全不同的。充分理解各种加工现象，选择最合适于加工的喷嘴。

(1) 在厚板的切割中，如为了提高加工能力而加大辅助气体的压力，很容易引起材料自身的燃烧，使切割面质量明显变差。切割面质量也受氧气纯度的影响，纯度稍有降低，就会使粗糙度从切割面的中部开始向下方变差。

(2) 在薄板或中厚板的高速切割中，如向激光束照射部分所提供的氧气过多，会导致切割面粗糙、尖角被熔掉等现象的发生。

【原理】

(1) 切割厚板时，要充分发挥切缝内向纵向的燃烧作用，同时还要尽可能抑制向横向的燃烧作用，减少热影响。

(2) 对薄板、中厚板进行高速切割时，氧气要尽量喷射到接近于需要熔融的范围内，以限制燃烧的扩展。

2.12 解决喷嘴挂渣的方法

【现象】

如图 2-23 所示，如喷嘴黏着上熔渣，辅助气体的气流就会紊乱，从而导致加工质量的恶化。

【原因】

向金属材料照射激光束时，材料被照射部分的温度会急剧上升乃

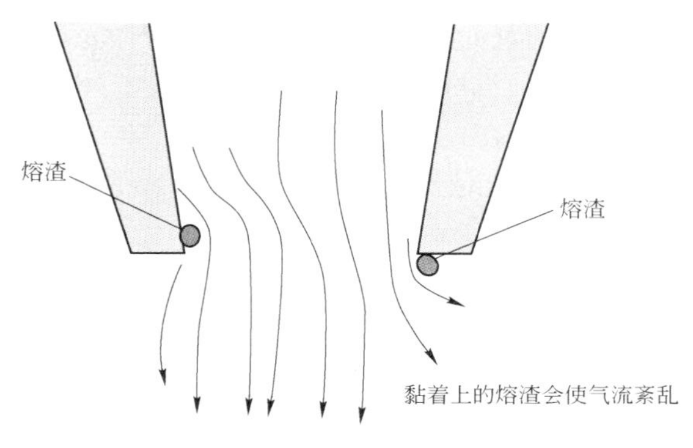

图 2-23 喷嘴上的熔渣

至材料蒸发。蒸发压力会使金属形成很小的颗粒状熔渣。特别是穿孔加工，熔渣在加工过程中向上喷出得比较多，极易黏着在喷嘴上。

【解决方法】

下面依次介绍防止熔渣黏着的方法、去除熔渣的功能以及减轻熔渣影响的方法。

（1）防止熔渣的黏着。熔渣粘在喷嘴上的现象在电弧焊时发生得比较频繁，是影响焊接质量的重要原因之一。解决方法就是在喷嘴上涂抹熔渣防止剂，从而在喷嘴的表面形成隔离膜，以此来防止熔渣的黏着。激光切割时，也通过在喷嘴上涂抹熔渣防止剂来减轻熔渣的黏着，或让熔渣更容易去除。但需要注意的是，如果防止剂在喷嘴内侧涂抹得过多，就会使喷嘴孔径发生变化，对加工性能也会产生不良的影响（见图 2-24）。

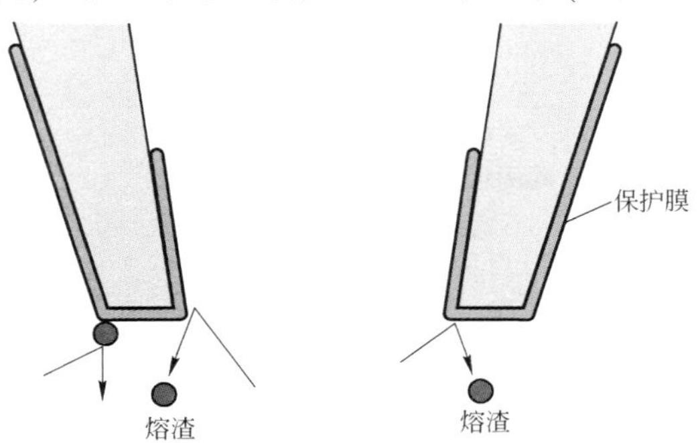

图 2-24 防止熔渣的黏着

（2）去除熔渣的功能。方法就是把刷子安装在激光加工机上，当喷嘴上粘上了熔渣时，加工头将自动移动到刷子的位置处，对喷嘴进行清洁。喷嘴的清洁时机可以在程序上自由进行设定。对于货架系统等连续运转的设备来说，这个定期清洁功能是必不可少的（见图2-25）。

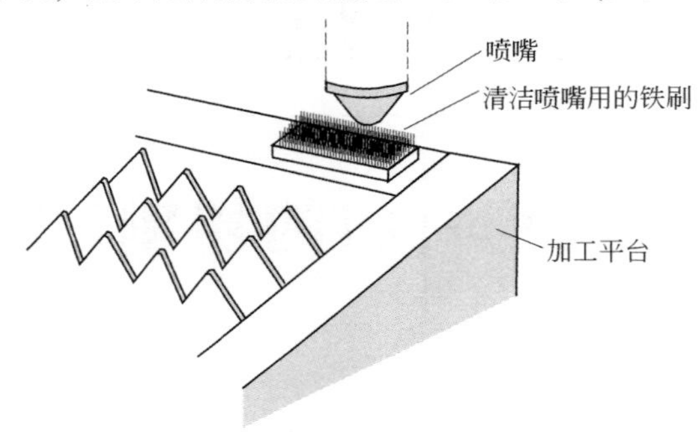

图 2-25 去除熔渣

（3）减轻熔渣影响的方法。粘在喷嘴下面的熔渣会导致从喷嘴喷射出的氧气流内卷入空气，而降低气体的纯度。有一种双重喷嘴，是在中央喷嘴外还有一个同心圆的外层喷嘴。双重喷嘴的中央喷嘴的周围也会喷出氧气，因此即使中央喷嘴周围粘上了熔渣，也可以通过外层喷嘴起到防止氧气纯度下降的作用。在碳钢厚板切割中使用双重喷嘴，不但可提高切割面质量，还可起到减少熔渣影响的作用（见图 2-26）。

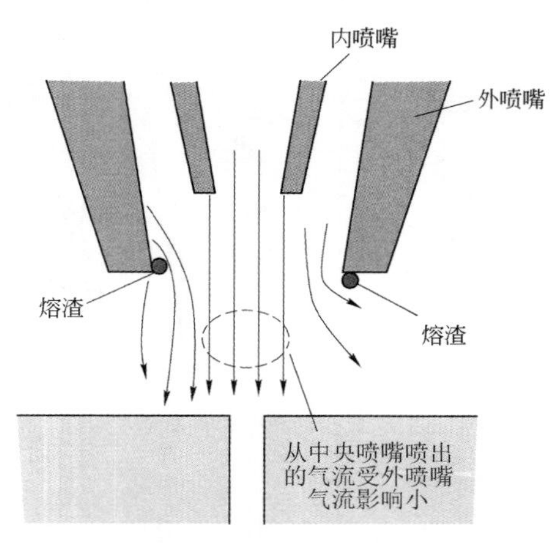

图 2-26 减轻熔渣黏着的影响

第3章

碳钢材料的切割

在用激光切割的各种材料中，最多的是碳钢。碳钢在辅助氧气的助燃下，非常容易燃烧，而如果燃烧中产生的热量过多，则切割质量又会变差，尤其是发生过烧现象。充分了解各种加工现象的本质，有助于对激光加工机、加工条件及加工材料等各要素进行最优设定。

(参看插件 3.0-0)

3.1 光纤激光和 CO_2 激光在碳钢切割上的性能比较

【现象】

A 切割速度

图 3-1 显示的是同样用 2.5kW 功率，光纤激光和 CO_2 激光切割碳钢时的板厚与切割速度的关系。在该切割中，辅助气体使用的是氧气。实际上，如果是使用氧气切割碳钢，则无论是光纤激光还是 CO_2 激光，在切割速度上并无差异。

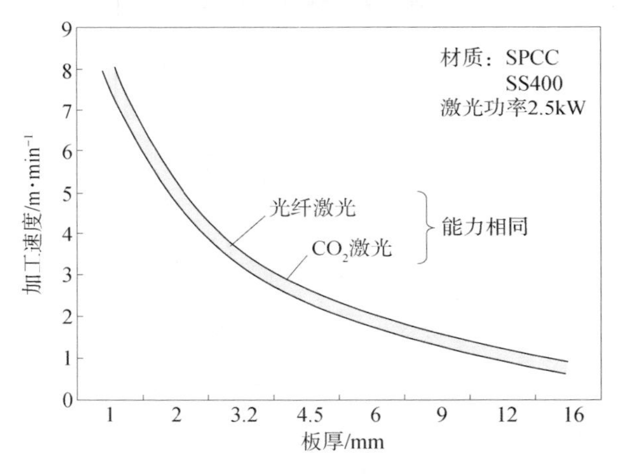

图 3-1 碳钢切割能力比较

主要加工条件如下：

（1）CO_2 激光：

输出功率：0.8~2.5kW；加工透镜焦距：5“及 7.5”；辅助气体:氧气、辅助气体；气压：0.03~0.08MPa。

（2）光纤激光：

输出功率：0.8~2.5kW；加工透镜焦距：4“及 8”；辅助气体：氧气；辅助气体气压：0.03~0.08MPa。

B 切割质量

图 3-2 显示了用光纤激光和用 CO_2 激光切割时的切口对比。1mm 板厚时，在切割面的粗糙度上几乎看不出有何差异。但随着板

厚的增加，用光纤激光切割出的切口上层的粗糙度就明显变差。切口中央部分和下层切割面则看不出明显的粗糙度差异。

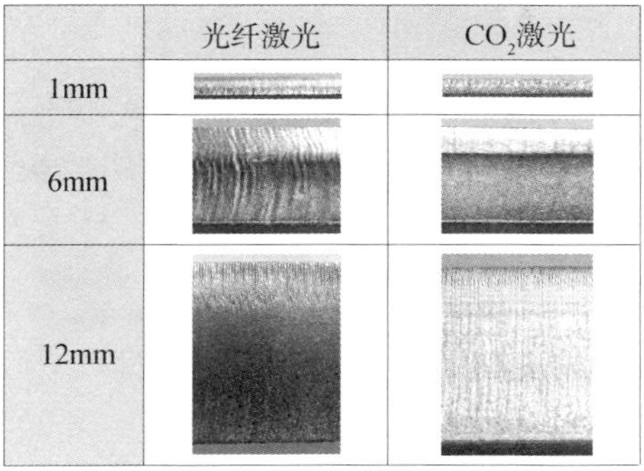

	光纤激光	CO_2激光
1mm		
6mm		
12mm		

图 3-2　碳钢切缝断面比较

【原理】

在以氧气作为辅助气体的切割中，各个影响激光束的要素与氧化反应相互作用而形成加工差异。在薄板的高速加工中，由于两大要素产生过大反应，熔融进展迅猛，从而导致切割面粗糙。此时，需要降低切割速度。由此一来，使用两种激光进行切割所产生的加工差异变小。在薄板切割中，辅助气体可使用氮气。此时对加工起作用的主要就是激光束本身，光纤激光束因其质量高，因此可进行更高速的切割。

然而板厚越大，氧化反应在加工中所起作用的比例就越大于激光束，光纤激光与 CO_2 激光的差异也就变小。

图 3-3 是 6mm 厚碳钢切割面的放大照片。用光纤激光切割的第一条切痕较宽，显示了加工材料吸收了更多的激光，而作用到了材料内部。但是，由于激光也同时被向切口宽度方向（垂直于切口方向）吸收进去，所以第一条切痕范围内的切割面粗糙。板材更厚的 12mm 情况时，切割面粗糙度情况相同，而且切口宽度有扩张的倾向。由此可见，在切割面质量上，光纤激光切割不如 CO_2 激光切割。

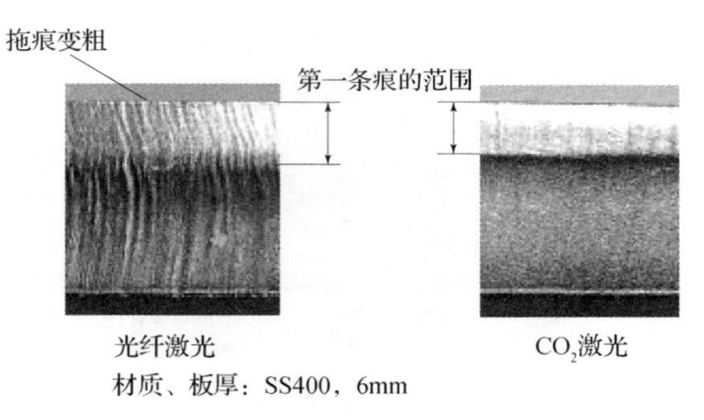

图 3-3 碳钢切断面的放大照片

3.2 穿孔类型与切割原理

【现象】

穿孔类型包括脉冲式加工和连续式（CW）加工两种[1]（见图3-4）。穿孔加工现象从激光束照射加热材料表面的过程（1），到逐渐

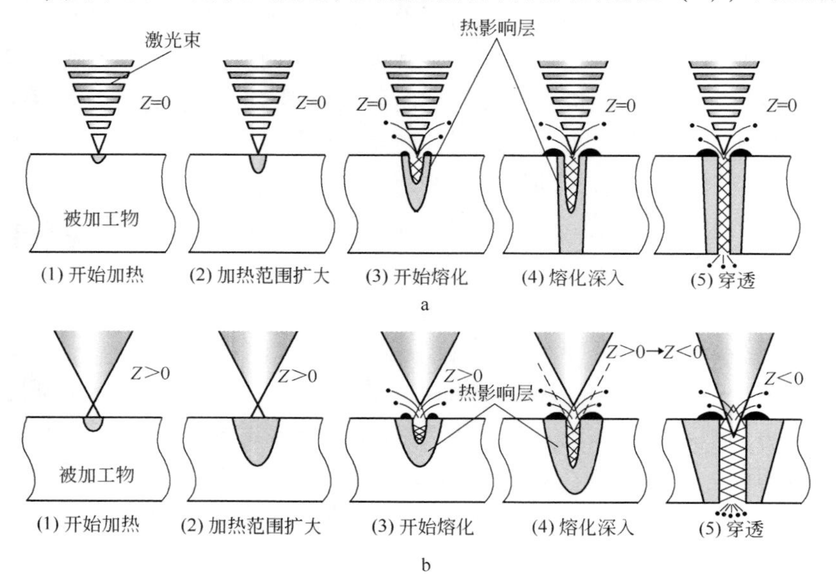

图 3-4 穿孔的原理

a—使用脉冲条件穿的孔；b—使用 CW 条件穿的孔

深入穿孔的过程(2)~(4)，直到最后穿透的过程（5），是一个连续而不间断的过程。使用CW条件时，要把焦点位置设置在材料表面的上方（$Z>0$），扩大加工孔径，然后再让焦点位置随着穿孔加工的深入而向下方移动，最终完成穿孔加工。使用脉冲条件时，可起到抑制热量输入，实现小孔加工的效果。

【原理】

（1）用脉冲条件穿孔。当碳钢材料的板厚在9mm以上时，如用脉冲条件穿孔的话，加工时间会急剧增加，但穿出的小孔直径则仅约为0.4mm，比切缝要窄，并且热影响也较少。图3-5是让激光在穿孔的中途停止照射时的形貌，是用来检查穿孔进展状况的。

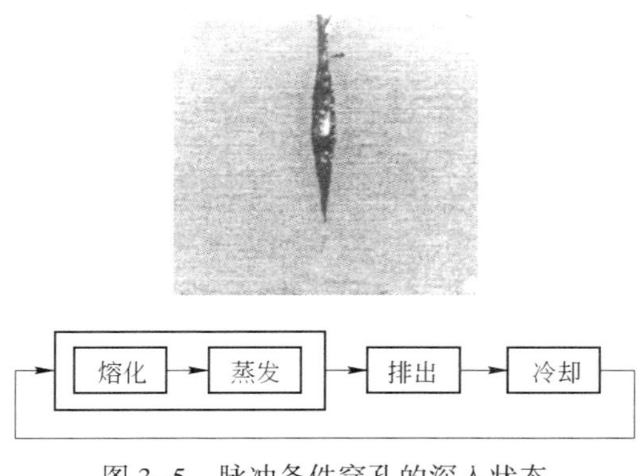

图3-5　脉冲条件穿孔的深入状态

脉冲穿孔是通过激光的照射、停止照射的不断反复，来熔化(蒸发)材料、排出熔融物及进行冷却的，并由此而使穿孔渐进深入。熔化和排出的任何一方在时间上出现偏差，都会导致熔融金属向上逆喷，或穿孔时间变长。频率在100~200Hz范围内时，脉冲峰值功率设定得越高，穿出的孔质量就会越好。如果用更高的频率，则只有熔融能力会变高，熔融金属的排出和冷却效果都会降低。

（2）用CW条件穿孔。用CW条件穿孔时，会发生大量熔融金属向上喷的现象。而当熔融金属不能从上面极小的孔径中排出时，就会发生过烧。CW穿孔的弊端是会有大量熔融金属喷到被加工物的表面，但CW穿孔却可以大幅缩短加工时间。图3-6是分别使用不同直径的喷嘴用 CW 输出对 12mm 厚的 SS400 材料进行穿孔后，材料的表面及背面的照片。喷嘴的直径相当于向穿孔部喷射氧气的范围。喷嘴的直径越大，穿出的孔直径也越大。

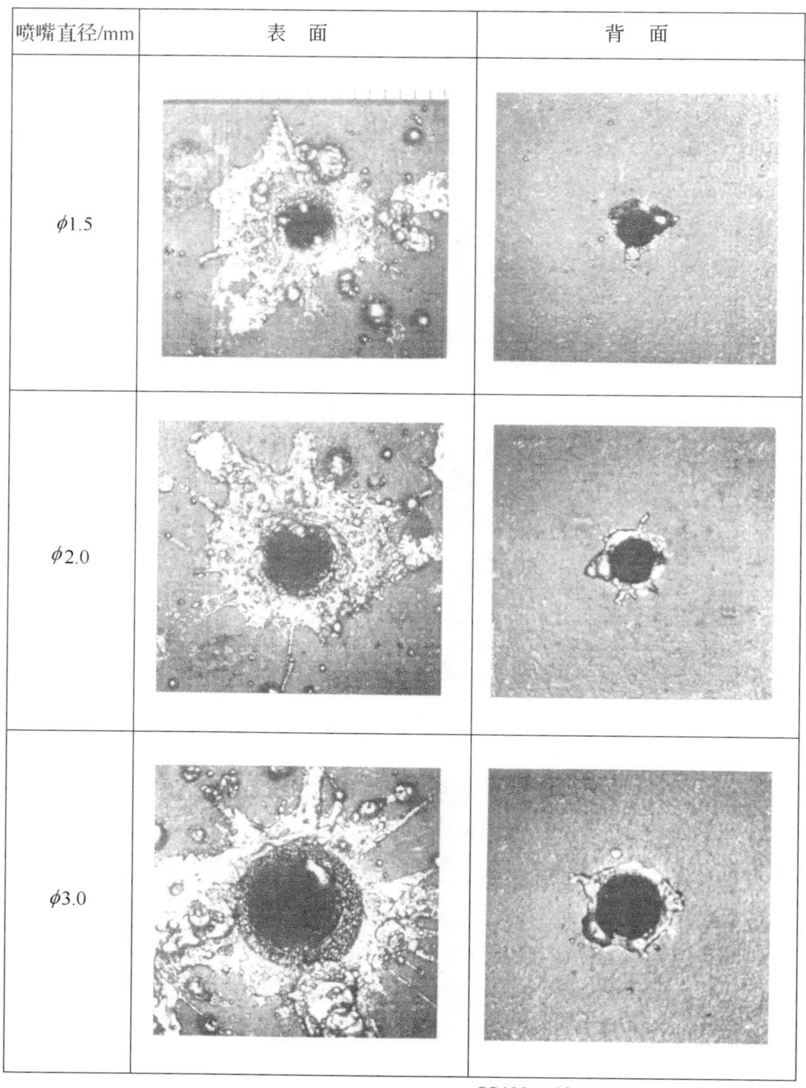

图 3-6　使用 CW 条件穿孔

（3）其他条件。一般条件下，穿孔条件是通过边观察脉冲条件或 CW 条件下的穿孔进展状况（或两种条件下的状况），边进行调整的。最为理想的穿孔效果是：孔径小，所需时间短。

3.3 缩短穿孔时间的方法

【现象】

穿孔的类型不同，缩短时间的方法也不相同。（参看插件 3.3-0）

（1）脉冲条件穿孔。在使用脉冲条件进行穿孔时，激光照射为脉冲式，此时只有激光照射时的熔融、蒸发与停止时的冷却搭配得好，才能获得良好效果。如果只偏重于提高熔融和蒸发作用，则很容易引起过烧；而如果仅注意增强冷却作用，则穿孔时间又会变长。

（2）CW 条件穿孔。CW 穿孔时会引发一种过烧现象。CW 穿孔的优点是可以缩短穿孔时间，但随着板厚的增加，熔融范围将会不断扩大，从而影响加工质量。

（3）根据穿孔的进展状况来调整条件。在穿孔加工中，当激光束的照射量过大或过小时，应边观察加工情况，边调节条件，直到将条件调整到最优为止。

【原因与对策】

（1）脉冲模式穿孔。要提高熔融能力和冷却能力，就需要在短时间内照射大量的能量，并能同时确保照射后的冷却时间。如图 3-7 和图 3-8 所示，高峰值的矩形脉冲波形的脉冲式照射的效果最为理想。熔化所需能量以强度 E 与照射时间 T 的乘积来表示。三角波与矩形波脉冲相比，要得到同等的能量，三角波脉冲所需照射时间为矩形波脉冲的 2 倍，结果就是输入到被加工物内的热量增加，容易引起过烧。图 3-9 所示为在 6mm 厚 SS400 材料切割中所表现出来的脉冲峰值功率与脉冲平均功率效果，脉冲峰值功率越高，穿孔的时间越短。

（2）CW 模式穿孔。板厚超过 12mm 时，喷嘴要尽量选择小口径的。在重视切割面质量的厚板切割中，则需对穿孔用喷嘴与切割用喷嘴分别进行选择。

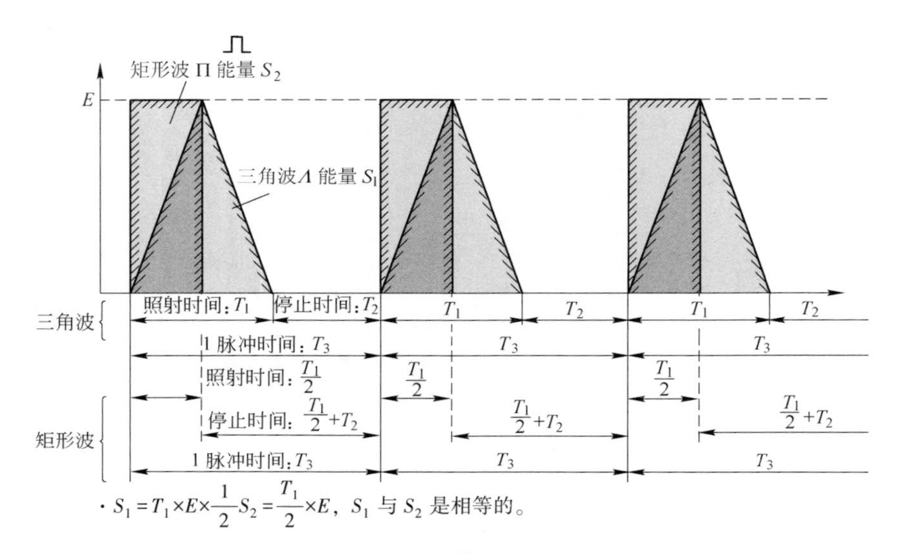

· $S_1=T_1\times E\times\frac{1}{2}$　$S_2=\frac{T_1}{2}\times E$，$S_1$ 与 S_2 是相等的。

· 矩形波的停止照射时间比三角波要长$\frac{T_1}{2}$，可提高冷却能力。

图 3-7　矩形波脉冲与三角波脉冲的不同

对 SS400 9mm 的穿孔

脉冲波形	穿孔状态	
矩形波	约 2s 后	约 4s 后
三角波	约 3s 后	约 6s 后

图 3-8　脉冲波形对穿孔的影响

（3）根据穿孔的进展情况来调整条件。调整条件时，可通过传

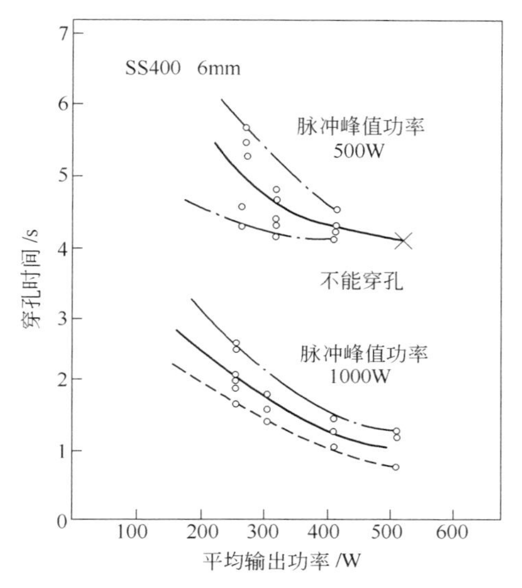

图 3-9 脉冲峰值功率与穿孔时间的关系

感器观察穿孔部分熔融状态的辉度，当熔融范围有扩大倾向时，就降低激光的强度；反之，当熔融作用下降时，就加强激光的强度，最终达到小孔径高速穿孔的目的。

3.4 解决穿孔缺陷的方法

【现象】

造成穿孔缺陷的主要因素包括：发生的瞬间、发生的位置、发生的时间及其材料本身因素。可参照图 3-10 对主要因素进行分析。

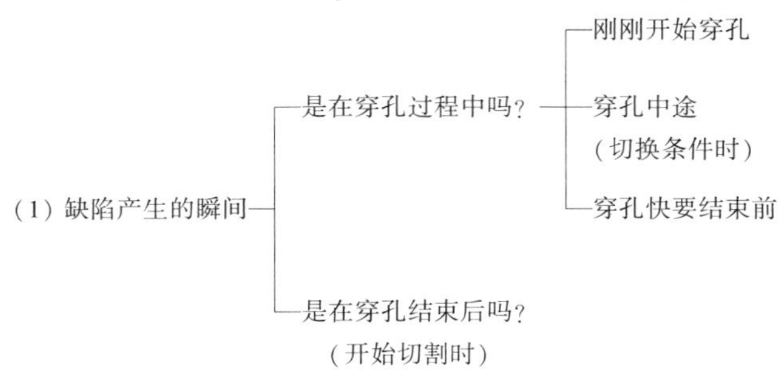

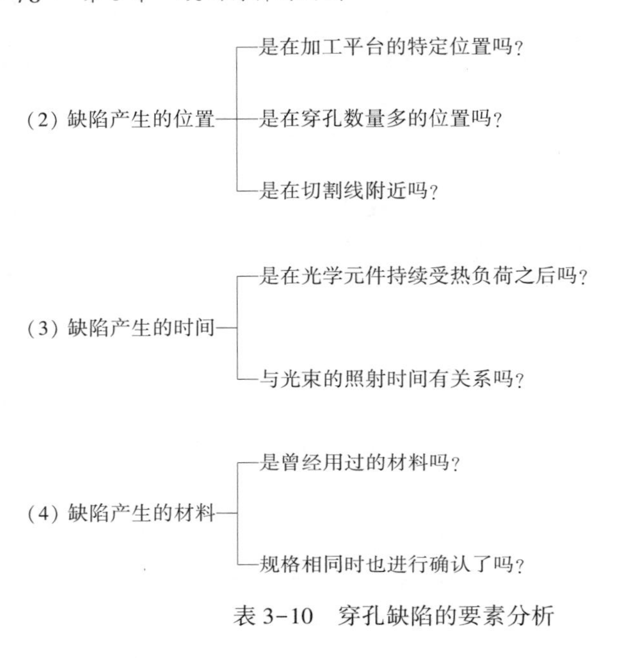

表3-10 穿孔缺陷的要素分析

【原因与对策】

(1) 产生缺陷的瞬间。需要确认缺陷是在何时产生的，是发生在穿孔的中途，还是在穿孔过后刚刚开始切割时。如果是产生在穿孔的中途，则要看是产生在刚刚开始穿孔时，还是产生在向其他条件切换时，然后再根据情况进行相应的调整。如果缺陷是产生在穿孔就要结束时，则原因就在于条件在孔还未被穿透时就由穿孔条件变成了切割条件，此时需要延长穿孔时间；而如果是出现在刚刚开始切割时，则是由于穿孔部周围的堆积物使切割变得不稳定，此时需要在开始切割处设置脉冲条件。

(2) 产生加工缺陷的位置。如果穿孔缺陷集中在加工平台上的某一特定位置，则可能是因为激光和喷嘴的中心出现了偏离，需要进行调整。

穿孔位置密集或穿孔位置位于切割线附近时，穿孔处很容易处于高温。图3-11所示为在将材料温度从常温升高到200℃时各温度下的加工结果，加工材料使用的是 12mm 厚 SS400 材料。数据是在各温度下穿孔 50 次的基础上得到的过烧比率。可以看出，加工缺陷随温度的升高而增加。要减少加工缺陷，加工就应尽量在材料的冷却状态下进行，需要对加工路线进行最优设计。

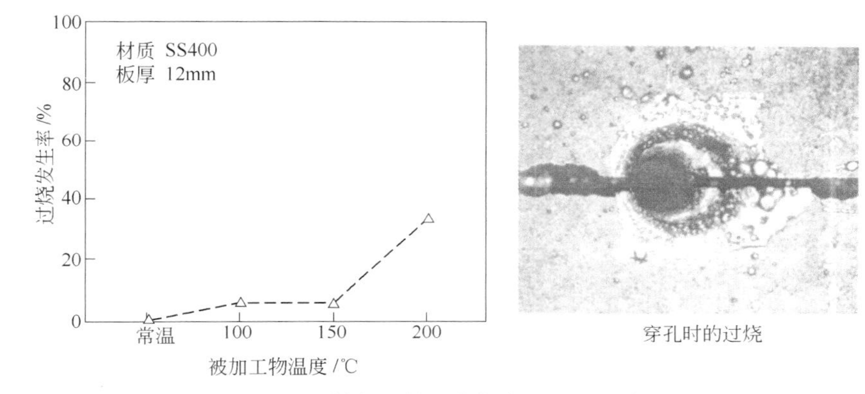

图 3-11 被加工物温度与穿孔不良的关系

(3) 缺陷产生的时间。如果加工缺陷是随着加工时间的推移而增多，则再观察增加冷却时间后是否能恢复。若能恢复，就说明是发生了光学元件的热透镜效应，此时需要对光学元件实施保养；而如果是增加了冷却时间也不能恢复，则可能是因为发振器出现了故障导致输出功率产生变动而致，此时应与售后服务部门联系解决处理。

(4) 产生加工缺陷的材料。判断缺陷产生的原因是否来自材料时，首先是要查看该材料是否使用过。如果曾经使用过，则不需要再对加工条件进行调整，因为缺陷原因很可能是加工机或光学元件出现了故障。

图 3-12 所示为对 A、B、C 三个厂家生产的 16mm 厚 SS400 材料进行穿孔时的贯通所用时间。如果材质发生了变化，则需要在连续加工前对穿孔时间进行确认，或者对整个加工时间进行稍长设定。

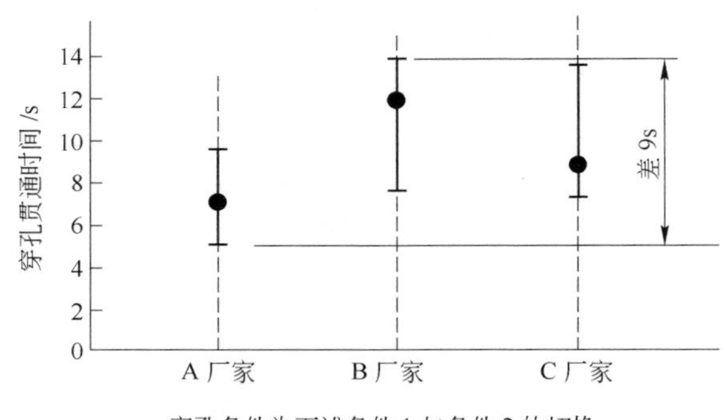

穿孔条件为下述条件 1 与条件 2 的切换

加工条件 1：	功率	400W
	频率	50Hz
	占空比	15%
	气压	0.04MPa
加工条件 2：	功率	600W
	频率	100Hz
	占空比	20%
	气压	0.08MPa

图 3-12 SS400 16mm 的穿孔贯通时间

3.5 解决加工 12mm 厚 25mm 见方形状时频繁发生过烧的方法

【现象】

切割碳钢材料时，如果加工形状中存在尖角，则很容易发生尖角部的熔损或过烧。切割速度会随着加工板厚的增加而下降，且切割中所产生的热量会不断在材料内积蓄，导致材料温度升高，使得尖角部熔损或过烧现象频繁发生。

【原因】

良好的切割如图 3-13 所示，激光照射所产生的热能及因氧化燃烧而产生的热能都被有效扩散到加工材料中，加工材料又能得到有效的冷却。如果冷却得不充分，就会发生过烧。当加工形状中存在尖角时，尖角部分体积较小一侧的散热面积也比较窄小，温度容易上升，极易引起过烧。另外，在穿孔时，由于孔内壁也吸收激光，温度不断在极小的空间内急剧上升，也是很容易发生过烧的。

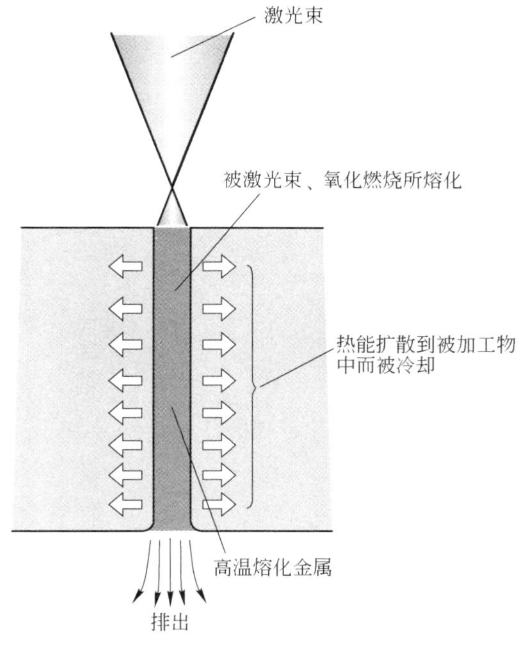

图 3-13 良好的切割

【解决方法】

（1）进行多个小尺寸形状的加工时，热量将会随着加工的进展而不断积蓄，加工到后半部分时，很容易发生过烧。解决方法如图 3-14 所示，就是要尽量让加工路线分散开来，避免在一个方向上持续，从而使热量能得到有效的扩散。加工路线需要根据实际加工形状进行优化。

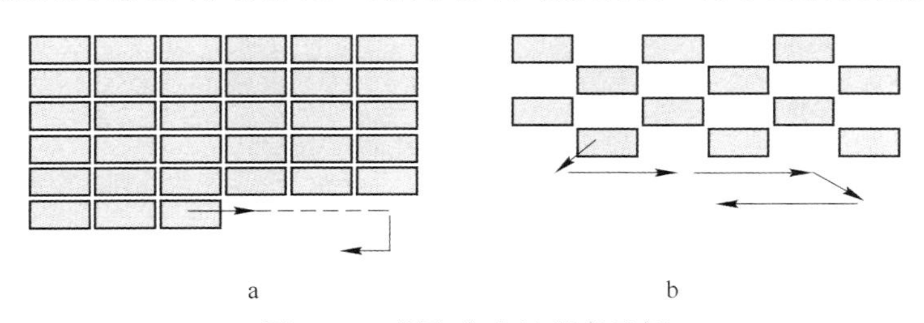

图 3-14 提取多个的程序示例

a—会积热的程序；b—以分散热能为目的的程序

（2）如图 3-15 所示，如果过烧集中发生于尖角部，则可以通过把加工形状中的尖角部改为小圆角 R，来有效防止热能的集中。R 的数值越大，防止作用就会越有效。加工板厚增加，R 值也须相应加大。

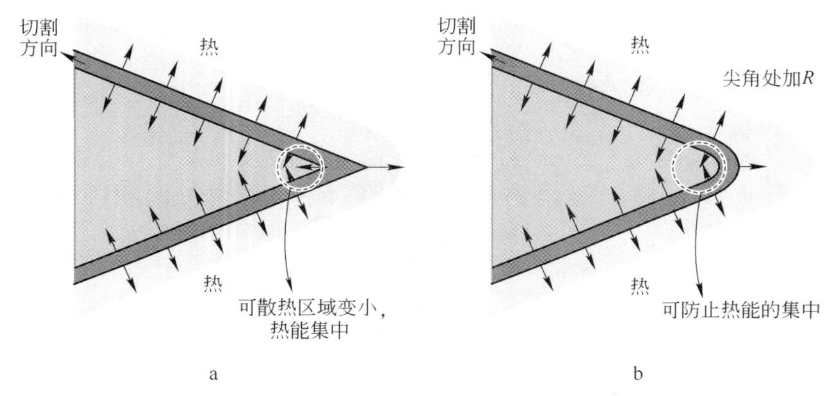

图 3-15 防止尖角处热能的集中

a—尖角部分在高温状态下被切割；b—尖角部分在冷却状态下被切割

（3）尖角部之所以会随着加工中温度的上升而出现熔损，是因为当激光束通过加工部位时，加工部位已处高温所致（见图 3-16）。如果激光束的前进速度快于热传导速度，则切割加工就可以在材料还未被加热时完成，可有效防止熔损的发生。

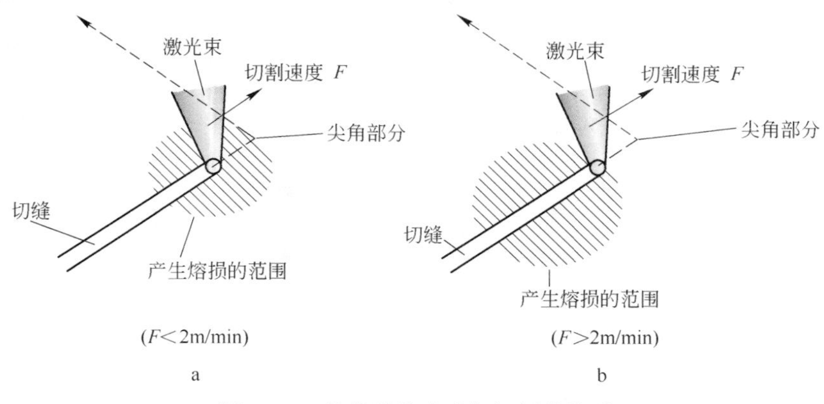

图 3-16 热传递的速度与切割的关系

a—低速条件；b—高速条件

一般情况下，熔损发生时的温度传导速度约为2m/min，如果加工条件中的切割速度大于2m/min，则基本上不会发生熔损。这也是碳钢材料板厚度在6mm以下时，尖角部熔损发生得比较少的原因。9mm厚以上碳钢材料要获得同样的效果，就要使用输出功率在4kW以上的加工条件，这需要使用高输出功率的发振器。

（4）如果辅助气体使用氮气或空气，则不会产生氧化燃烧反应，基本上也不会发生熔损或过烧。

3.6 查找16mm厚板产生过烧的原因：被加工物原因

【现象】

在查找因热能失控而造成过烧的原因时，需要把加工现象按工序进行分解，从每个工序中查找原因所在。

激光切割现象的流程如图3-17所示：①向材料表面照射激光；②激光被吸收产生熔化；③产生熔化的部分因辅助气体的助燃而燃烧；④燃烧进一步向板厚方向扩大；⑤熔融金属被从切缝中排出。这些过程不断反复，最终达到切割目的。

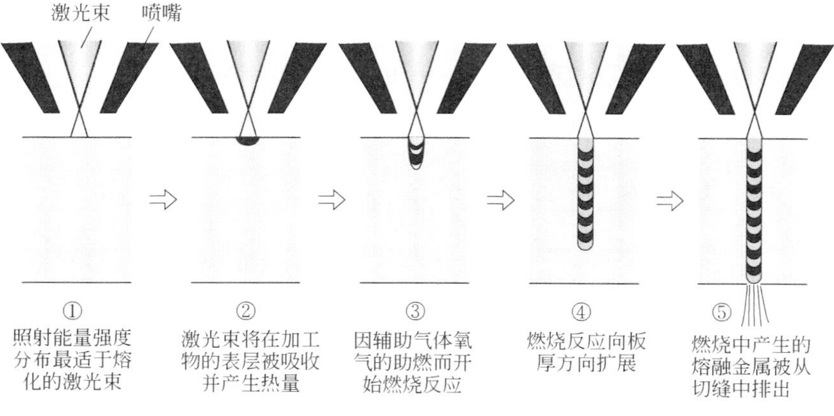

图3-17 激光切割中的加工工序

过烧产生的原因来自加工机时，将会表现在①、③工序；来自被加工物时，将会表现在②、④、⑤工序。

【原因与对策】

(1) 原因来自于对激光的吸收时。此时会造成激光切割工序②的不稳定，并因此而导致过烧。如果材料表面氧化皮（黑皮）的紧贴性不好，或氧化膜的厚度不均匀，则材料对激光的吸收就会不均匀，所产生的热也不稳定。图 3-18 是分别对同一材料的上、下面照射激光进行加工时的切割面对比，可以看出材料表面氧化皮的状况影响着切割面质量。放置材料时，一定要对材料的表面状况仔细进行查看，要把氧化皮状态好的一面朝上放置。

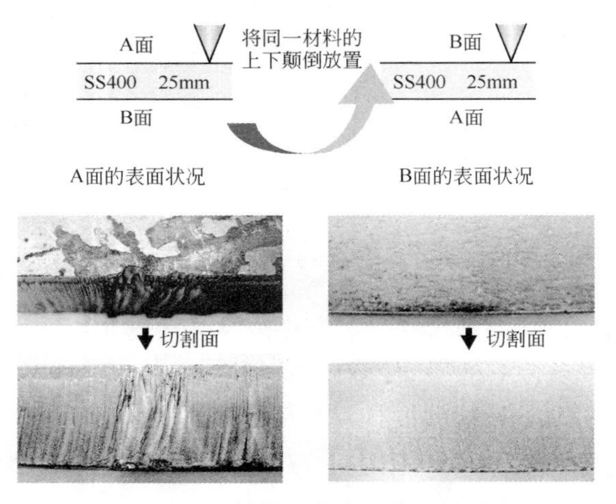

图 3-18 受被加工物表面状况的影响

对于那些正反面不能任意进行设置的板材，可以采用二次切割法进行加工。即先利用激光的能量把不均匀的材料表面加工均匀后，再正式进行切割。具体就是：先将激光的能量密度降低到仅能使材料表面熔化的程度，沿着切割形状的轨迹将材料表面熔化，此时熔化的宽度要略大于切缝的宽度。接下来再将条件切换为切割条件进行切割加工。图 3-19 是分别以一次切割法和二次切割法进行切割的样品比较。可以看出，二次切割法切割出的切割面质量基本与表面状况良好材料的切割面质量没有差别。

(2) 原因来自于向板厚方向的燃烧或熔融金属的排出时。该原因是导致激光切割中工序④和⑤不稳定的因素。

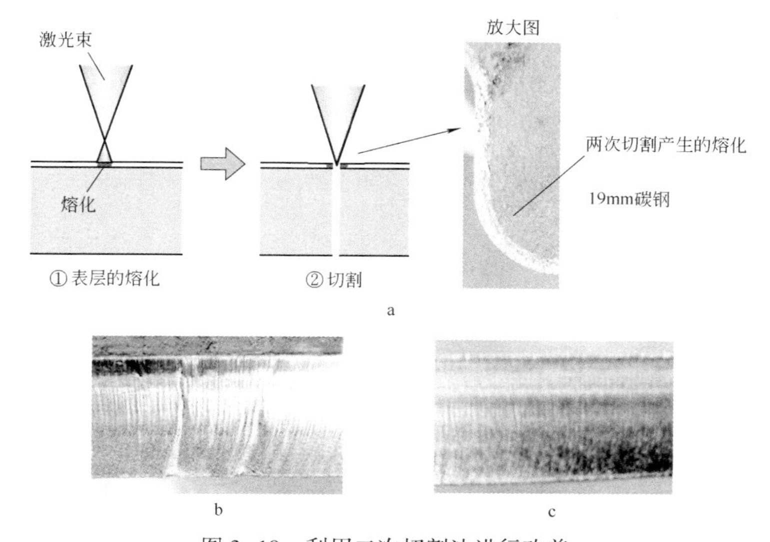

图 3-19 利用二次切割法进行改善

a—二次切割法；b——次切割的切割面；c—二次切割的切割面

如果材料的内含成分不同，则燃烧反应热的作用或熔融金属的流动状态都将产生变化。日本国内厂家制造的材料在加工性能上没有太大的差别，但海外厂家的材料则在加工性能上差别比较大。图 3-20

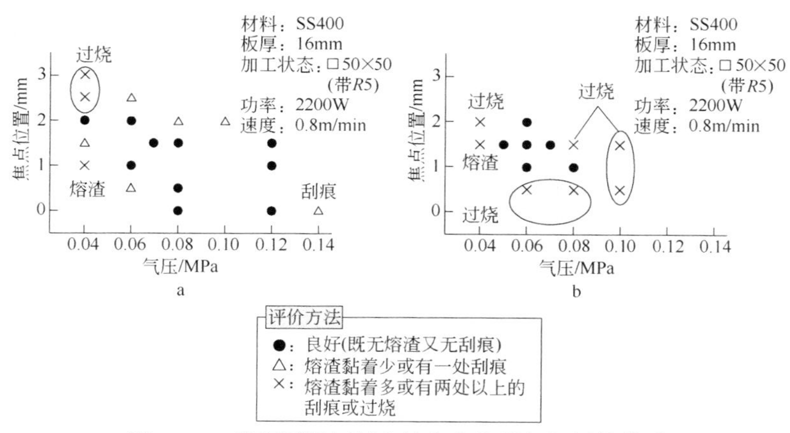

图 3-20 碳钢厚板切割中的焦点位置与气压的关系

a—日本国内材料厂家；b—日本国外材料厂家

所示为用同一输出功率和切割速度条件对 16mm 厚碳钢材料进行切割的对比。如果使用的是含 Si 或 Mn 较多的日本国外厂家的材料，则需要在设定条件时特别注意焦点位置及辅助气体压力的设定。

3.7　查找 16mm 厚板产生过烧的原因：加工机原因

【原因与对策】

（1）辅助气体原因（见图 3-21）。

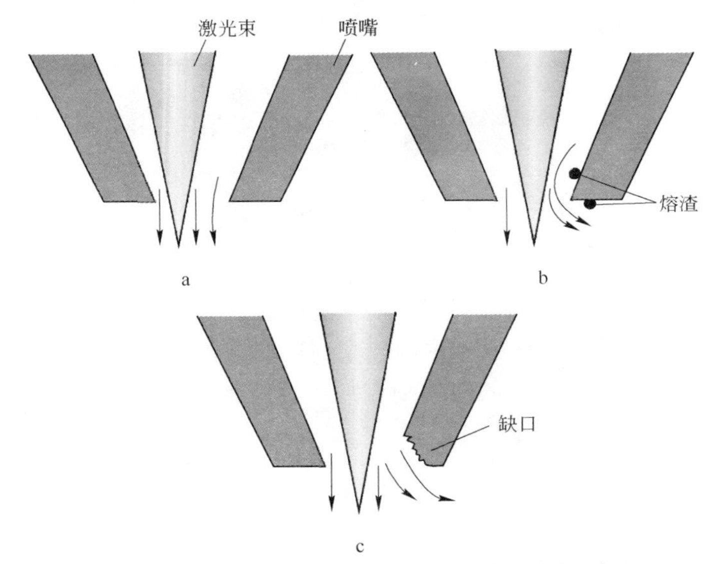

方向性的产生（根据方向，有的方向产生而有的方向不产生）

图 3-21　辅助气体要素

a—偏离中心；b—熔渣黏着；c—喷嘴的变形

1）如果氧气没有均匀地喷射到熔融金属的周围，则燃烧能力、熔融金属的流动都会不均衡，极易因不同的切割方向而发生过烧。激光的偏孔，喷嘴出口处的变形、挂渣等，都会造成辅助气流的紊乱，首先需要检查喷嘴状况。

2）所有的切割面质量都不好时，则可能是因氧气罐中的气体纯度低而致，此时切割面的下部会变粗糙并挂渣。板材越厚，加工质量就越容易受辅助气体纯度影响。查找原因时，应使用曾经实际确认无误的气罐。

（2）激光原因（见图3-22）。

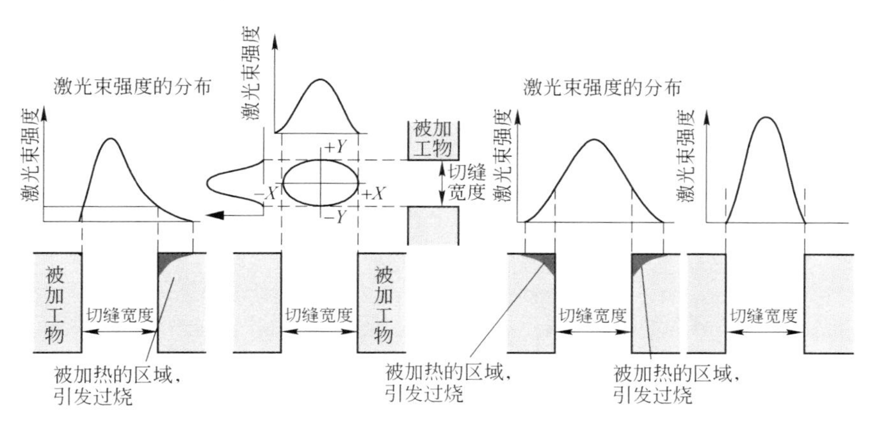

图3-22 激光束的要素

a—切割中出现方向性的情况；b—切割面整体质量不佳的情况

1）当切割中出现方向性时，很可能就是激光束的圆整度或强度分布存在问题。激光的强度会直接转化为对金属的熔融能力。如果激光束的圆整度或强度分布存在问题，则燃烧能力将会随着切割方向的改变而出现差异，容易造成过烧。此时需要确认光束模式的形状。

2）当切割面质量全面欠佳时，其原因就在于透镜的聚焦不彻底。需要熔化的地方温度要尽量高，不需熔化的地方温度要尽量低。如果在此温度边界出现高低不明确的能量，就会产生过烧。聚焦不彻底的原因在于透镜、PR镜的异常或光路、折射镜的异常。

（3）其他原因（见图3-23）。

1）如果加工质量随着加工的进展而逐渐变差，则可能是由于加工中的热量积蓄在材料中，材料温度的上升引起了过烧。此时需要将加工路线设置为热量不会过于集中的分散型路线。

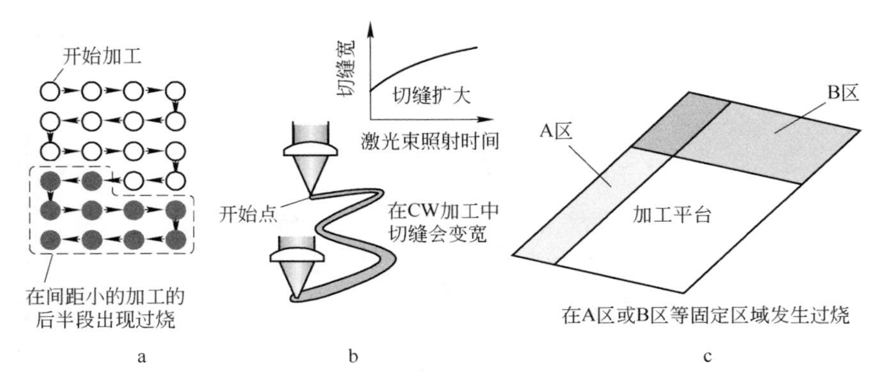

图 3-23 其他要素

a—随着加工的进展而发生；b—在较长路径的后半段发生；
c—在加工平台上的某一特定区域发生

2）如果质量是从较长加工路线的后半段开始变差，原因就在于透镜或 PR 镜等的污渍吸收了激光，从而引起了热透镜效应而致。此时需要清洗透镜或 PR 镜等光学元件。如仍得不到改善，则说明光学元件需要更换了。

3）如果加工缺陷是产生在加工平台内的某一特定区域，则原因在于光路出现了偏离。此时喷嘴中心与激光中心会随着加工位置的移动而发生偏离，并因此而导致过烧。此时应对光路进行调整。

3.8 解决 19mm 厚板在加工中产生过烧的方法

【现象】

有关过烧的解决方法在其他章节也有论述，本节主要是针对“19mm 厚碳钢‘从中途开始’产生过烧”的解决方法进行论述。“从中途开始”，是指之前的切割一直良好，但却从一个形状的加工中途开始产生过烧（见图 3-24a），或在提取多个连续加工的中途产生过烧（见图 3-24b）。

【原因】

（1）如果过烧是产生在一个形状的加工中途，则其原因是发生了热透镜效应。

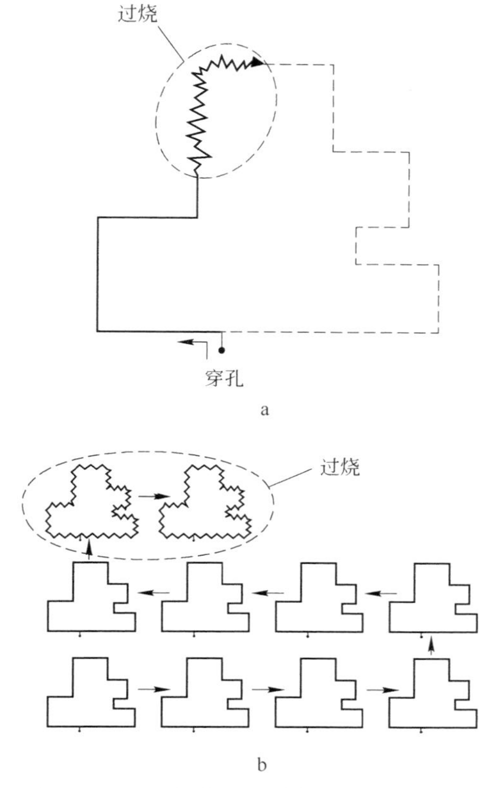

图 3-24 “中途”开始产生过烧的类型

a—在加工中途产生的过烧；b—在提取多个中途产生的过烧

（2）如果过烧是产生在提取多个连续加工的中途，则根据过烧产生的位置或形态，可将发生原因分为加工机方原因与被加工物方原因来分别对待。

【解决方法】

（1）过烧产生在一个形状的加工中途。如果是表现为切割面质量在加工中逐渐变差，毛刺量逐渐增多，甚至发生过烧。这种现象就 CO_2 激光而言是其透镜或 PR 镜等光学元器件的污渍部分，就光纤激光而言是其保护镜等光学元器件的污渍部分在加工中吸收了激光，产生了热透镜效应所致。须清洗透镜或 PR 镜，洗掉污渍。如仍不能得到改善，则应更换新的镜片。

（2）过烧产生在提取多个连续加工的中途。

1）随着加工的进展而逐渐变差。当加工中所产生的热能在材料中积蓄而使材料温度升得过高，则过烧将会频繁发生。应选择热能不会过于集中且易于散热的加工路线。

2）不照射光束时暂时恢复，连续加工时又变差。这种情况一般是由于透镜或 PR 镜、保护镜等光学元器件的污渍部分吸收了激光，引起了热透镜效应而致。此时应清洗光学元器件。如仍得不到改善，则应更换新的镜片。

3）发生在加工范围内的某一特定位置处。此现象多发生在飞行光路型的加工机上。当光路出现偏离时，喷嘴中心与激光中心会随着加工位置的变化而发生偏离，极易造成过烧。此时需要对光路进行调整。

4）其他。被加工物是否能均匀吸收激光将受材料表面的状况影响。应检查材料表面的铁锈及氧化皮状况。

3.9　解决 9mm 厚板在穿孔时产生过烧的方法

【现象】

在碳钢厚板激光切割的穿孔加工中，由于照射时间长且照射范围集中，很容易产生过烧。过烧产生的时机在将孔穿透的过程中（见图 3-25a）；穿孔过后刚刚开始切割时（见图 3-25b）。另外，穿孔又存在用小功率的脉冲模式穿较小的孔，或用大功率的 CW 模式穿较大孔的两种情况。用 CW 模式穿孔时，因为其自身就是一种过烧现象，所以不存在上述（见图 3-25a）的现象，而只存在图 3-25b 的现象。

【原因】

如图 3-26 所示，穿孔是一种在加工材料的表面照射激光，并一点点地把熔融金属挖到材料表面的现象。如果将输出功率设为高功率来加快熔融的速度，则穿孔表面的小孔来不及把熔融金属都排出来，

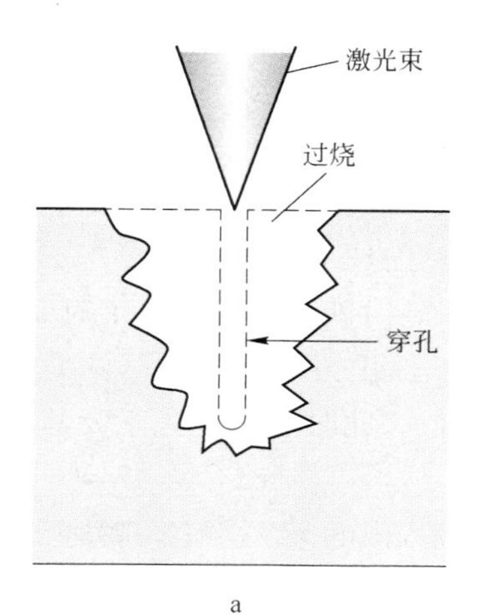

a

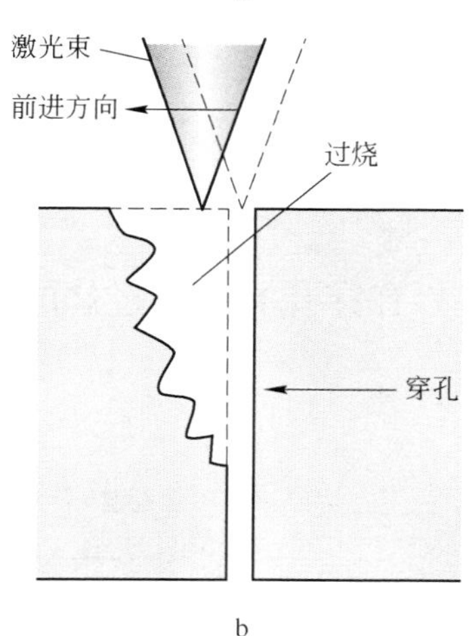

b

图 3-25 穿孔时产生的过烧

a—在将孔穿透的过程中发生；b—在穿孔后开始切割时发生

热量也将积蓄在材料里。另外（见图 3-27），当孔的直径在 0.3~0.5mm 范围内时，孔壁是极易吸收激光的，小孔周围的温度会很高，而且板材越厚，吸收激光的内壁深度就会越大，孔周围的温度也就升得越高。

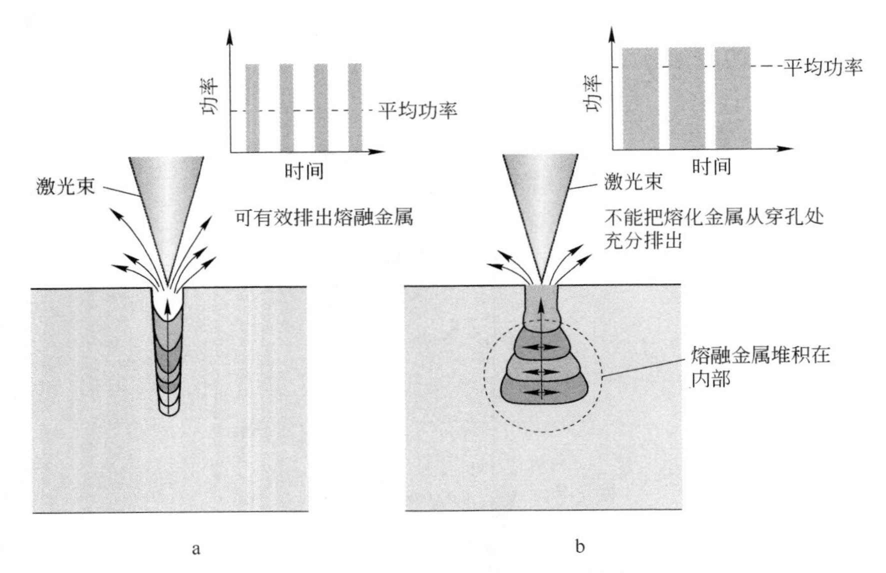

图 3-26　熔融金属从穿孔处的排出
a—以适当功率进行穿孔时；b—以过大功率进行穿孔时

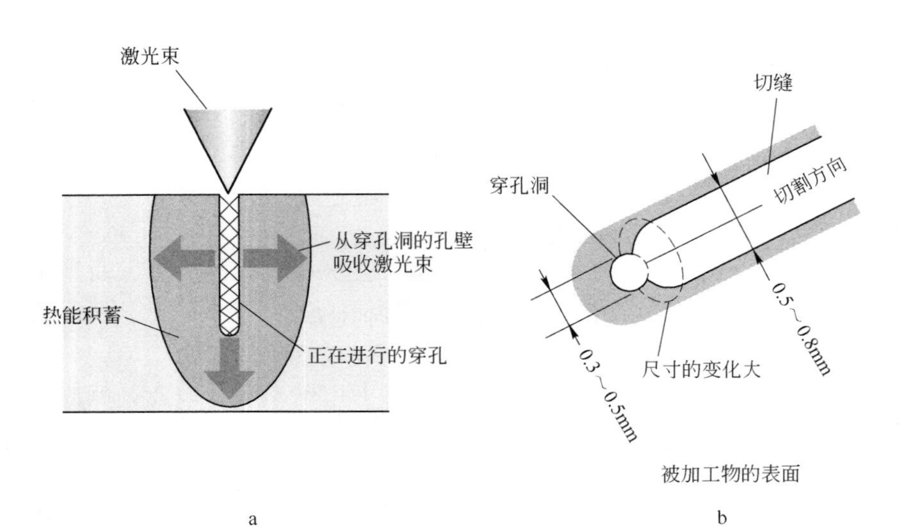

图 3-27　产生过烧的原因
a—从穿孔洞的孔壁吸收激光；b—穿孔洞直径与切缝尺寸的差异

穿孔径0.3~0.5mm的孔时，切缝宽度为0.5~0.8mm。在穿孔后马上开始切割部分的切缝形成过程中，熔融金属急速增加，小孔空间内不能完全容下，从而出现逆喷现象。

【解决方法】

如果材料是从未使用过的材料，则过烧产生的原因也有可能来源于材料本身，此时可从切割条件的制作开始进行改善。如果是过去曾经用过的材料，则应按以下步骤进行检查，并根据具体情况采取相应的措施。

（1）在穿孔过程中熔融突然加快。

1）检查输出功率、焦点位置、辅助气体压力等的数值是否得当。

2）检查加工条件是否在孔被穿透之前就切换成了切割条件。

（2）开始切割部分没有形成稳定的切缝宽度。

1）检查开始切割部分的速度条件是否得当。

2）检查孔周围堆积的熔融金属是否在容许范围内。

3.10 解决22mm厚板在开始条件处产生过烧的方法

【现象】

在碳钢的厚板切割中，有时会在穿孔过后开始切割的穿孔线（穿孔后的切割初始部分）处出现过烧。而且板材越厚，产生过烧的频率就越高，此时需要把开始切割处设定为开始条件。

【原因】

（1）穿孔过程中所排出的熔融金属会堆积在孔的周围，而当激光经过堆积部时，就会发生激光的反射以及辅助气流的紊乱，从而造成过烧。

（2）在穿孔过程中，因为被加工物的内壁也吸收激光，被加工物的温度会不断升高，很容易导致过烧。如果在孔被穿透之后仍继续照射激光，则被加工物就会被一直加热，温度也会不断升高。

（3）在22mm厚碳钢的加工中，用脉冲条件进行穿孔时，圆孔上口部的直径约为0.4mm，底部约为0.2mm；而切缝上部的宽度则约为0.7mm，下部约为0.5mm。如图3-28所示，从穿孔位置开始切割时，圆孔内空间不能将骤然产生的大量熔融金属完全吸收，会形成逆喷造成过烧。

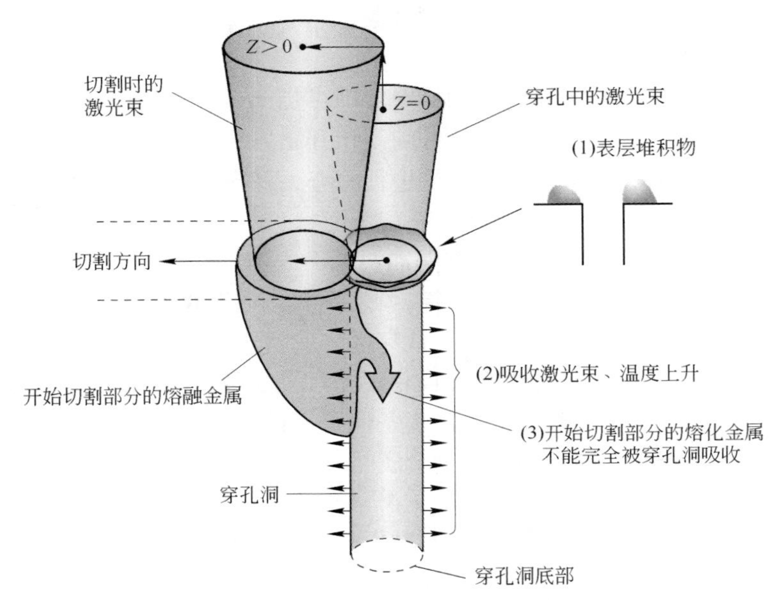

图3-28　穿孔后开始切割部分的不良

【对策】

（1）针对堆积物的对策。解决堆积物的有效方法是：采用单一脉冲能量比较高的低频率、高峰值的脉冲条件，切割时连同堆积物一同切割。虽然使用脉冲条件时速度会比较慢，但熔融与冷却的交错进行，很适合表面状态不稳定的材料。

（2）针对孔壁吸收激光的对策。要避免激光在孔被穿透后的继续照射，可缩短穿孔条件的时间设定，或者通过穿孔传感器来检查孔被穿透的状况并在极短时间内将条件切换为切割条件。

（3）针对穿孔直径和切缝宽度不同的对策。将穿孔过后开始切割处所产生的熔融量减少到孔内可以容纳的程度。把切割条件设置为脉冲条件或低速条件就可有效减少熔融量。开始切割处的条件设置是由NC控制装置自动完成的（见图3-29）。

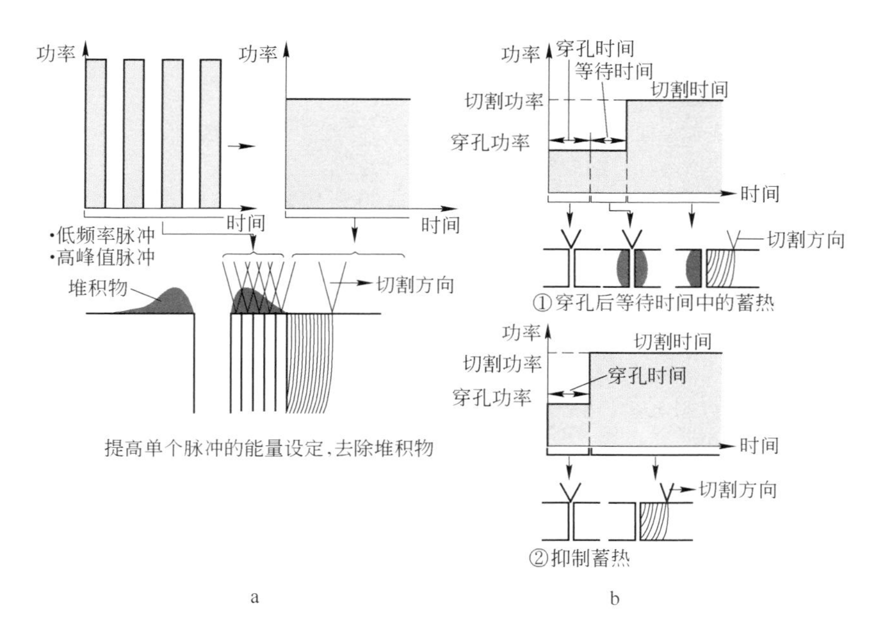

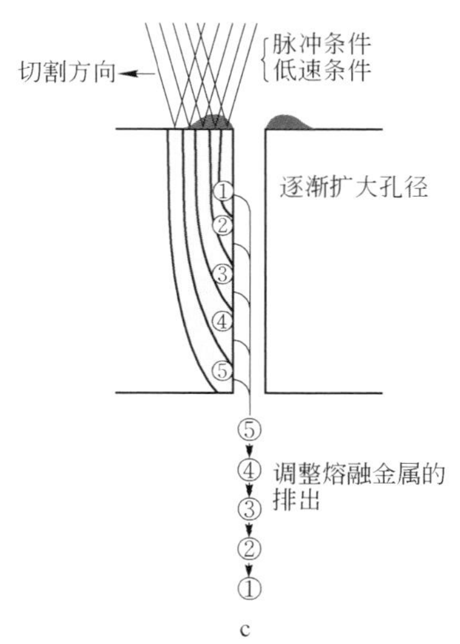

图3-29 在开始切割部分出现不良时的对策

a—对堆积物的处理；b—对孔壁吸收激光束的处理；

c—对穿孔洞直径与切割缝宽存在偏差的处理

3.11 适合碳钢厚板的光束模式

【现象】

在薄板的高速切割中，熔融能力高的聚焦后光束模式比较合适。通常激光切割中采用的都是短焦距透镜的单模式聚光。但在厚板切割中，如果仅提高熔融能力，则不能将熔融金属从切缝中有效排出，可高质量切割的加工条件裕度也比较窄。图 3-30 是分别以单模（TEM_{00}）和多模（TEM_{01}^{*}）对 12mm 厚碳钢进行切割时的加工条件裕度的对比，多模切割时的加工条件裕度比较宽[4]（参看插件 3.11-0）。

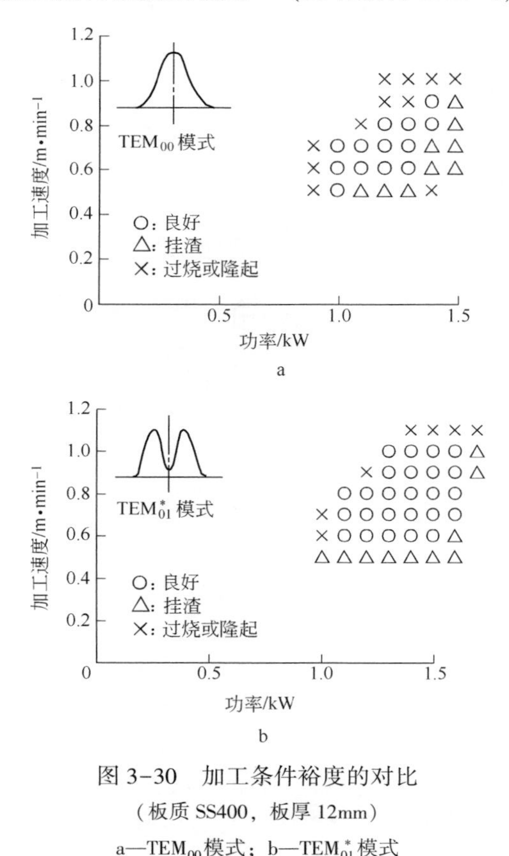

图 3-30 加工条件裕度的对比

（板质 SS400，板厚 12mm）

a—TEM_{00}模式；b—TEM_{01}^{*}模式

【原因】

在碳钢的厚板切割中，光束模式将对切缝形状起决定作用，图3-31显示了有关光束模式的两个主要因素。

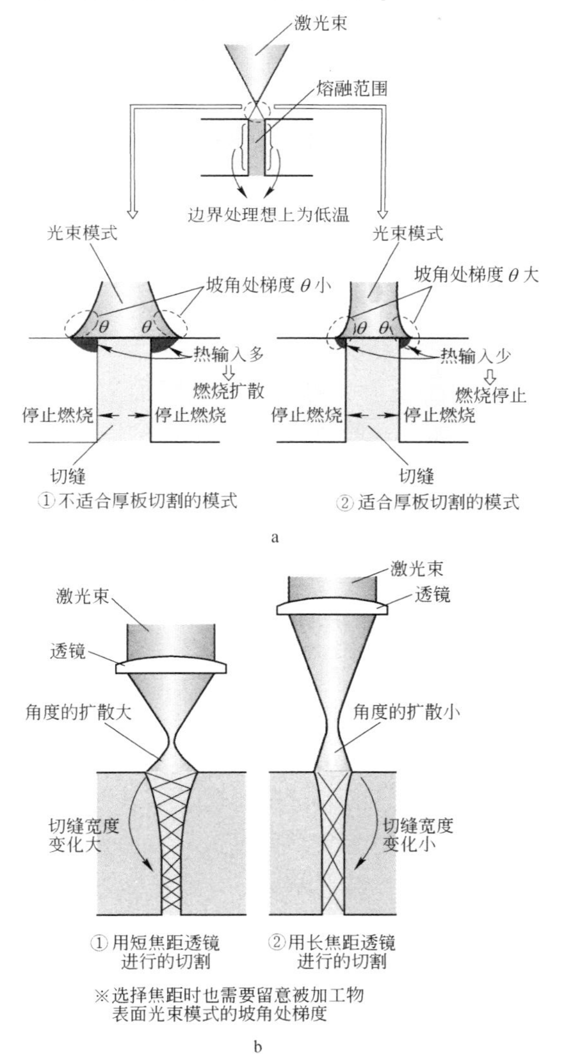

图3-31 碳钢的厚板切割与光束模式的关系

a—限制熔化燃烧范围；b—切缝内的多重反射

（1）限制熔化燃烧范围。厚板切割的关键就是要让需要通过激光照射进行熔融的区域达到高温，而不需要熔融的区域则要尽量保持低温。特别是在切割起点处，被加工物表面的熔融现象将直接受光束模式影响。在激光照射处，熔融是从激光强度最高的中央部分向四周扩散，并在光束模式能量密度低的位置处停止。光束模式的坡角部分能量强度分布倾角 θ 越大，则向切缝周围的热输入就会越少[8]。相反，如果倾角 θ 很小，则切缝的熔融就很难在需要停止的地方停止，燃烧范围会扩大，从而造成热能失控，引起过烧。如果被加工物的切缝宽度边界处的温度过高，则燃烧在从切缝中央向四周扩散时，就很难停止在切缝宽度的边界处，最终会导致过烧发生。

多重光束模式与单一光束模式相比，坡角部分的梯度大，对透镜的负荷少，比较适合于厚板切割。

（2）切缝内的多重反射。激光照射到被加工物后，在切缝内被多重反射，进行切割加工。透镜的焦距影响着激光向被加工物的照射角度及多重反射的状态。透镜的焦距越长，切缝宽度从上部到下部的变化就越小，有利于厚板切割。不过，透镜的焦距越长，光束模式的坡角倾斜也会越小，需要结合光束模式选择焦距。

3.12 选择最适于碳钢厚板切割的喷嘴

【现象】

碳钢的厚板切割主要是利用氧化反应来完成的，辅助氧气纯度的管理显得至关重要。这一点前面已论述过了。氧气的纯度不仅会在切割初期下降，在切割过程中也会下降，切割质量会因此而变差，切割速度也会减慢，需要改善这种现象。

【原因】

辅助气体是从被加工物的上方进行喷射的，如图 3-32 所示，当气流与材料表面发生撞击时，气流会出现紊乱。气流冲入切缝后，沿板厚方向的燃烧及混入切缝内的空气等又都会使气体纯度从切缝的中央到下部呈下降趋势。特别是随着板厚的增大或切割速度的增加，切割前沿的下部会相对于切割方向滞后，气体纯度的下降会极大地影响到加工。

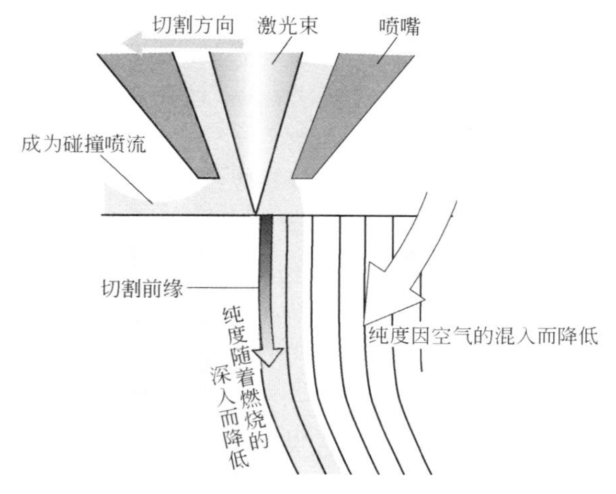

图 3-32 辅助气体氧气纯度的降低

【解决方法】

如果使用的是普通的单孔喷嘴，可以通过扩大喷嘴的直径来提高氧气对加工部的屏蔽性。不过，这种做法存在着会使气流、气体压力的可控可调整范围变窄，熔渣容易侵入易弄脏透镜等问题。

图 3-33 所示为采用双重结构喷嘴的情况。使用双重喷嘴不但可起到用氧气来屏蔽切割部的作用，还可达到维持板厚方向氧气纯度的目的。外侧喷嘴喷出的氧气起到对从中央喷嘴喷射出的助燃气体的辅助作用[6]。不过，决定气流特性的调整，需要通过中央喷嘴来进行。

双重喷嘴的作用分别为：从中央喷嘴喷出的氧气使燃烧从材料表面向下方深入，气体的纯度在燃烧过程中下降，外侧喷嘴喷出的气体再把纯度下降部分的气体补充上。另外，随着切割的深入，外侧喷嘴喷射出的辅助氧气还可以起到挡住外部气体向切缝侵入的作用。

板材越厚，板厚下部的氧化反应就会越滞后，切割前沿的下半部分滞后于加工的前进方向时，就会脱离出氧气的喷射范围。加快切割速度时，切割前沿下部也同样会相对于加工的前进方向滞后，从而会脱离出氧气的喷射范围。针对切割前沿下部如此滞后的现象，采用双重喷嘴就可有效利用从双重喷嘴喷射出的氧气阻止空气向加工部的侵入。

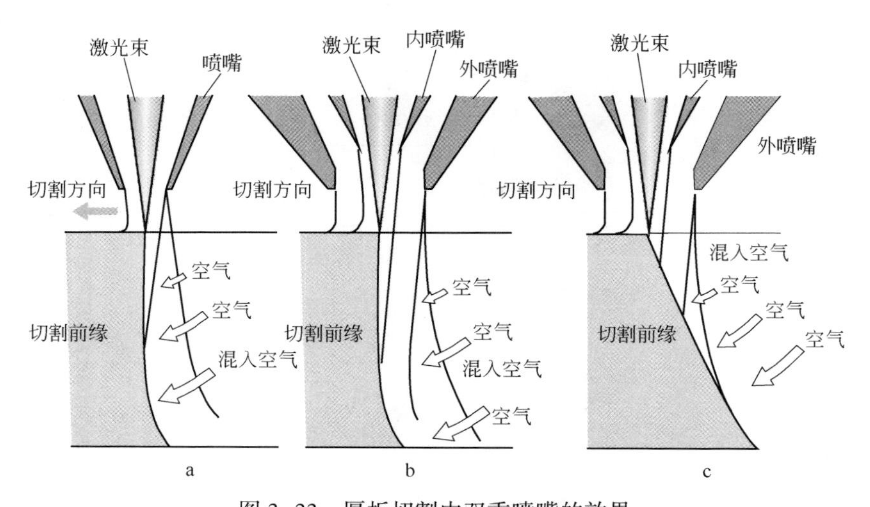

图 3-33　厚板切割中双重喷嘴的效果

a—用单孔喷嘴切割；b—用双重喷嘴切割；c—用双重喷嘴进行高速切割

3.13　防止厚板末端熔损的方法

【现象】

在碳钢的厚板切割中，很容易在切割末端部分出现熔损现象。在如攻螺纹等打孔加工中，根据质量要求，有时需要对熔损部分进行修补。特别是那些板材厚、孔径小的加工，熔损量会比较大。

【原因】

如图 3-34 所示，在加工处产生的热传导速度快于切割速度，热能会作用在激光之前。当加工接近末端部分时，热量将失去热传导空间，末端部分因此而处于高温状态。此时如果再继续提供氧气，就会引发过烧，造成熔损。

【解决方法】

防止厚板末端熔损的方法有：(1) 在产生熔损前停止加工；(2) 减少热能的输入；(3) 抑制氧化反应；(4) 在温度升高前加工；(5) 补偿。

(1) 在产生熔损前停止加工 ⇒ 添加微连接。在加工末端即将加工完毕时停止切割，留下稍许切割剩余（微连接）。微连接的量需要

SS400 12mm

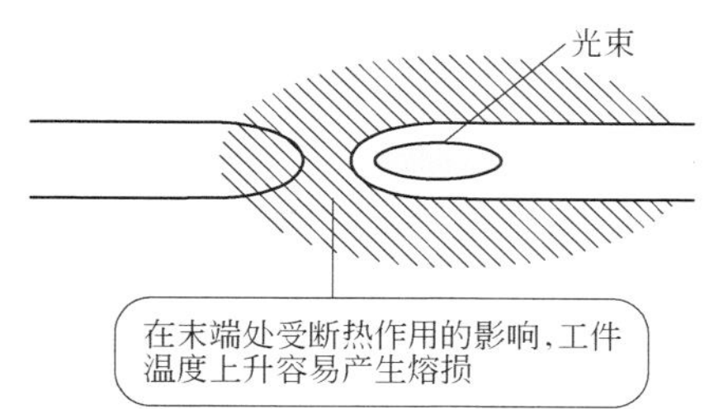

a

在低于熔损发生温度时停止加工
决定微连接量时要考虑到以下要素
·板厚
·形状

(1) 添加微连接

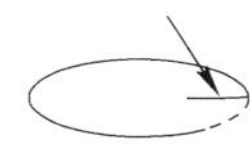

在低于熔损发生温度时开始加工
末端部的加工条件
·低频率脉冲
·低占空比脉冲
·低速
·冷却时间
·低气压

(2) 末端处为热输入较少的脉冲条件

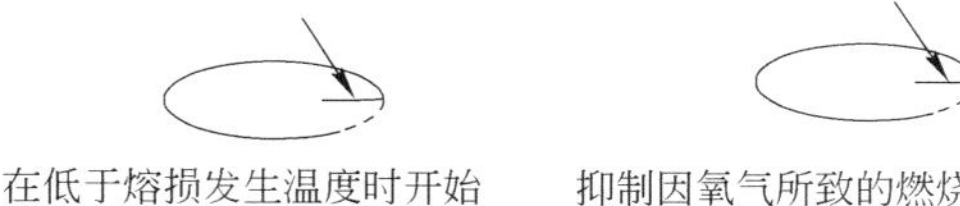

抑制因氧气所致的燃烧反应、以防熔损
末端部的加工条件为空气切割条件

(3) 抑制氧化反应的条件

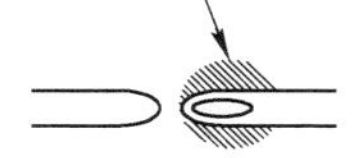

使激光束的传输速度高于热传导速度

(4) 提高加工速度

在程序中添加与熔损量相等量的凸起进行加工

(5) 凸起程序

b

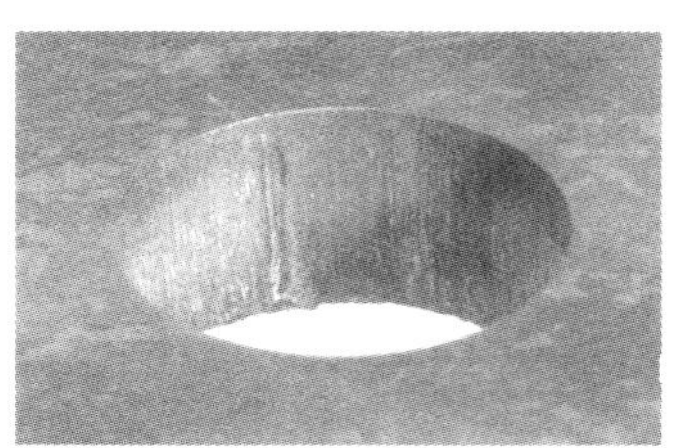

SS400 12mm

c

图 3-34 熔损的产生与解决方法

a—末端部的熔损；b—对策方法；c—使用热能输入少的脉冲条件而得到改善的示例

根据①加工材料的板厚、②加工形状、③材质、④切缝宽度（焦点位置、透镜焦点距离）等要素来决定。

（2）减少热能的输入 ⇒ 切换为热能输入较少的脉冲条件。将发生熔损部分的条件切换为热量输入较少的脉冲条件。脉冲条件的①低频率、②低占空比、③低速度、④低气体压力等参数设定会有效抑制热能的输入。

（3）抑制氧化反应 ⇒ 使用空气或氮气。虽然氧气的氧化反应热可以提高加工能力，但会使末端部积蓄过多的热量。如果把末端部的加工气体切换为空气或氮气，虽然会出现挂渣缺陷，却可有效抑制氧化反应热的产生。

（4）在温度升高前加工 ⇒ 提高加工速度。如果在输出功率上还有让切割速度提高的余地，则应将切割速度条件设置为比热传导速度更快的条件，也就是说要将切割速度设定在 2m/min 以上。

（5）进行补偿 ⇒ 凸起程序。在程序上，添加与熔损掉的量等量的凸起程序。凸起部分在加工中会被熔掉，最终可获得加工上的平衡，达到防止熔损的目的。

3.14　生锈材料难以切割的原因及其解决方法

【现象】

在碳钢的厚板切割中，即使通常能进行良好切割的材料，当其表面存在铁锈时，切割面就可能会变得粗糙或产生过烧。图 3-35 所示为对有锈（见图 3-35a）、没锈（见图 3-35b）的 12mm 厚 SS400 材料进行切割的结果。

a

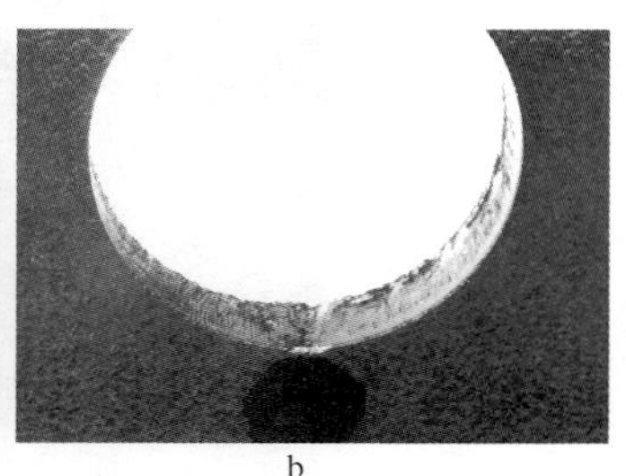

b

材质·板厚	SS400·12mm	用同一条件切割
功率	1800W	
速度	1000mm/min	

图 3-35　生锈和无生锈材料的加工结果

a—生锈材料的切割；b—无生锈材料的切割

【原因】

激光本身并不带热，只有在被材料表面吸收后才会转化为热能进行切割。材料的表面是否有生锈的地方，会直接影响到激光的吸收率，所产生的热能也将大不相同。另外，生锈程度不同时或铁锈已穿透材料表面的氧化皮扩散到了材料内部时，氧化膜与母材的紧贴性会比较差，材料的热传导将会不均匀影响加工质量。假设整个被加工物生锈生得很均匀的话，则理论上激光的吸收均匀，应该可以获得良好的加工质量。

【解决方法】

如图 3-36 所示，解决方法是，在切割前进行预加工，使被加工

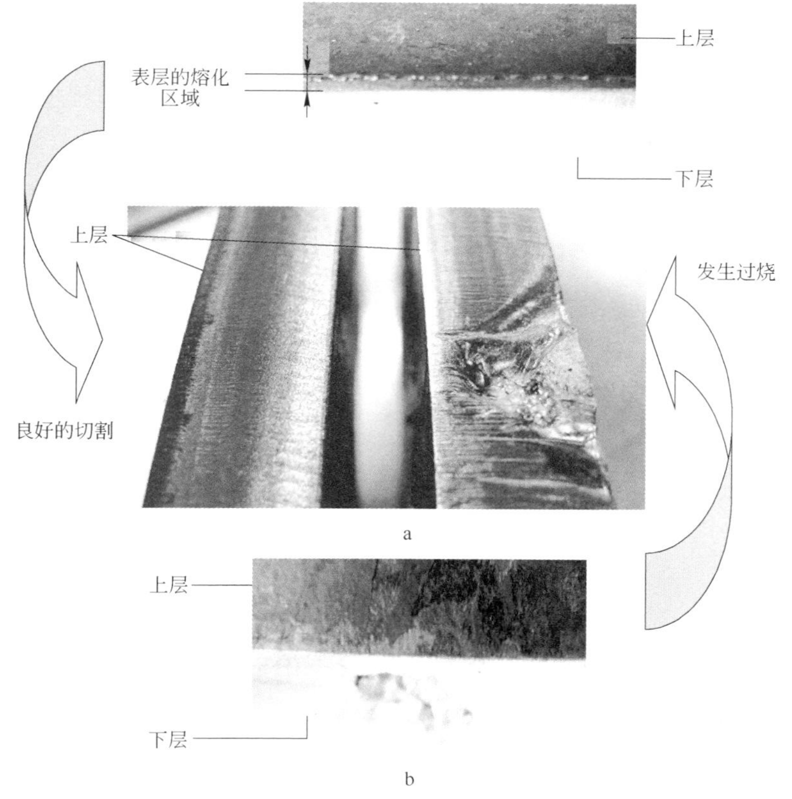

图 3-36　使用二次切割法切割

a—二次切割法的切割；b—在生锈状态下切割

物表面能均匀吸收激光。具体做法是，使用切割用加工程序，先将功率设为低功率，并升高焦点位置，沿加工路线均匀熔化被加工物的表面，然后再返回到加工开始点，将条件切换为切割条件，进行正式切割。需要注意的是，如果被加工物的表面在预加工中被过度熔融，则切割面也会变粗糙。用此预加工法进行加工，虽然切割面质量比不上完全没有生锈的材料（切割面），但从防止过烧的意义上看则是很有效的。另外，该切割法在被加工物表面有油漆、划痕或其他污渍时使用，也会得到良好的切割质量。

如图 3-37 所示，还有一种方法就是用金刚砂轮把材料表面的铁锈连同氧化皮一起去除，待露出母材的金属面后再进行加工。不过，母材（Fe）的热传导率是大于氧化皮的[10]，激光或辅助气体的稍许紊乱都会增加发生过烧的可能性，并且过烧一旦发生，其范围也将很大。氧化皮在激光切割中有着重要的意义。

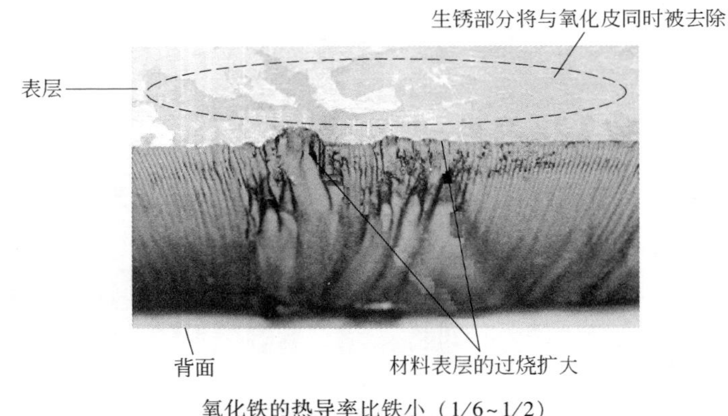

氧化铁的热导率比铁小（1/6~1/2）

图 3-37　材料表层氧化皮的去除

3.15　可使碳钢材料刻线变粗的刻线用加工条件

【现象】

有些船舶、桥梁构件等在激光加工后还需要再镀上很厚的锌膜。普通的激光刻线，其加工部仅会隆起 0.1~0.2mm，在镀膜后，刻线将会消失，这时就要求激光刻线的凹凸要更大。

【原因】

普通的激光刻线是使用辅助氮气、低功率激光进行的，焦点位置设在被加工物的表面，通过熔化材料表层来完成。在此状态下，如果加大功率或降低加工速度，虽然可以使被加工物表面的熔融范围变大，但熔融部位的表面也同时会变得很粗糙。而抬高焦点加大照射在照射面上的光束直径的做法又会使照射面上的光束能量强度分布不均匀，使加工变得不稳定。

【解决方法】

可将线条刻得既粗又深的方法如图 3-38 所示，即利用氧气的助燃作用，使激光照射部位的燃烧熔融范围扩大，同时再采用高压辅助气体条件，将熔融金属迅速吹除。

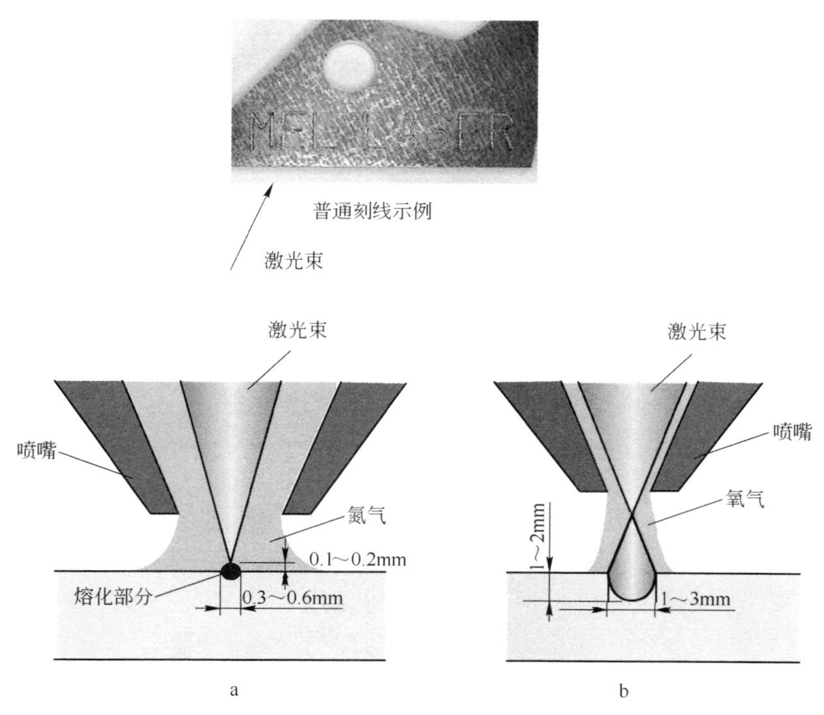

图 3-38 刻粗线、深线的方法

a—普通刻线；b—粗线、深线

喷射高压辅助氧气来使加工材料熔化、燃烧时，熔融现象一般是向板厚方向深入，最终形成切割加工。此时，如何将辅助氧气的加工能力仅限制在挖深刻线的程度上就成为问题解决的关键，需要对熔化的宽度和深度进行控制，也就是说需要对喷嘴条件进行优化。

图 3-39 所示为对 6mm 厚的碳钢以 250W 输出功率、1000mm/min 加工速度的条件刻出的线条。所使用的喷嘴分别为 ϕ2mm 和 ϕ1mm。使用 ϕ2mm 喷嘴时，加工变成了切割；而使用 ϕ1mm 喷嘴时，则变成了深挖加工。直径小的喷嘴有促进线条向横向扩展、抑制线条向纵向深入的作用。

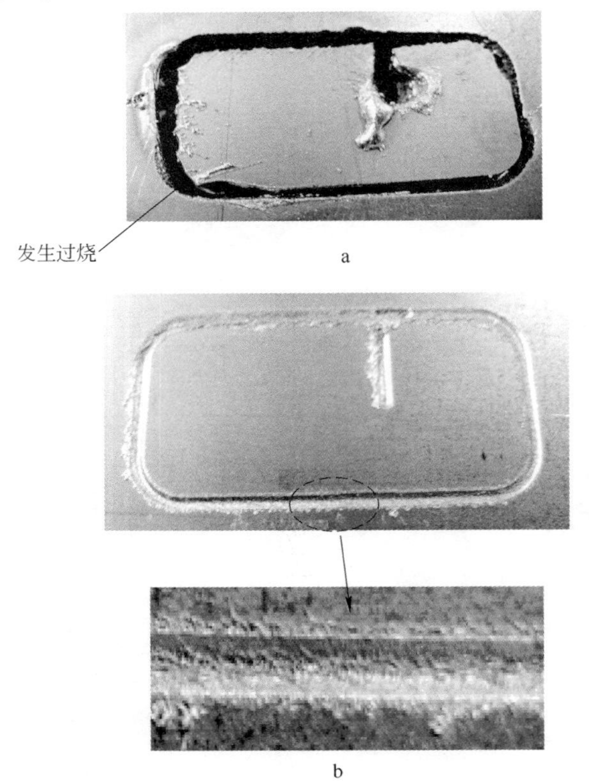

图 3-39 喷嘴直径的影响

（材料：SS400，板厚：6mm，功率：250W，速度：1000mm/min）

a—用 ϕ2mm 喷嘴加工；b—用 ϕ1mm 喷嘴加工

加工中适量空气的侵入也是有助于抑制燃烧反应的。由于辅助气体使用的是氧气，熔融金属在加工过程中会被氧化，再加上高压辅助气体的喷射，被加工物表面将会变成微小的颗粒四处飞溅（见图3-40）。不过，由于此时焦点位置设定得较高，喷嘴离加工位置较远，所溅起的金属是不会粘到喷嘴上的。

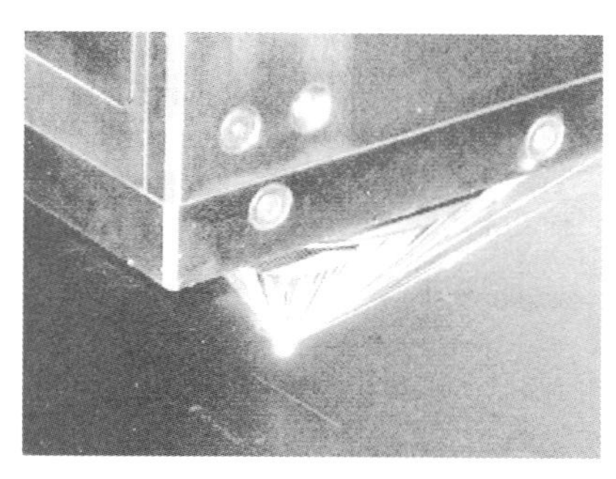

图 3-40 刻粗线、深线时的加工状况

3.16 斜向切割的加工性能

【现象】

一般情况下，激光切割是激光向被加工物表面垂直进行照射。如果被加工物相对于激光的照射轴呈倾斜状态，或激光向被加工物表面进行斜向照射，则加工面会变得极不稳定。在碳钢板材的氧气切割中，切割面为锐角的部分将会发生过烧；而在不锈钢等材料的无氧化切割中，斜向切割会造成被加工物背面的挂渣。

【原因】

图 3-41a 是将加工头倾斜于 12mm 厚 SS400 板进行切割时，板材表面及底面的切缝照片。斜向照射激光，则照射到被加工物表面的能量密度会相对于加工方向呈不均匀状态。如果从喷嘴喷出的辅助气体也相对于被加工物表面呈倾斜，则射入到切缝内的气流会出现紊乱，影响加工质量。

从被加工物要素角度看，切割边缘处会出现锐角端（a 侧）和钝角端（b 侧），锐角端（a 侧）会积热过多，容易引发过烧。

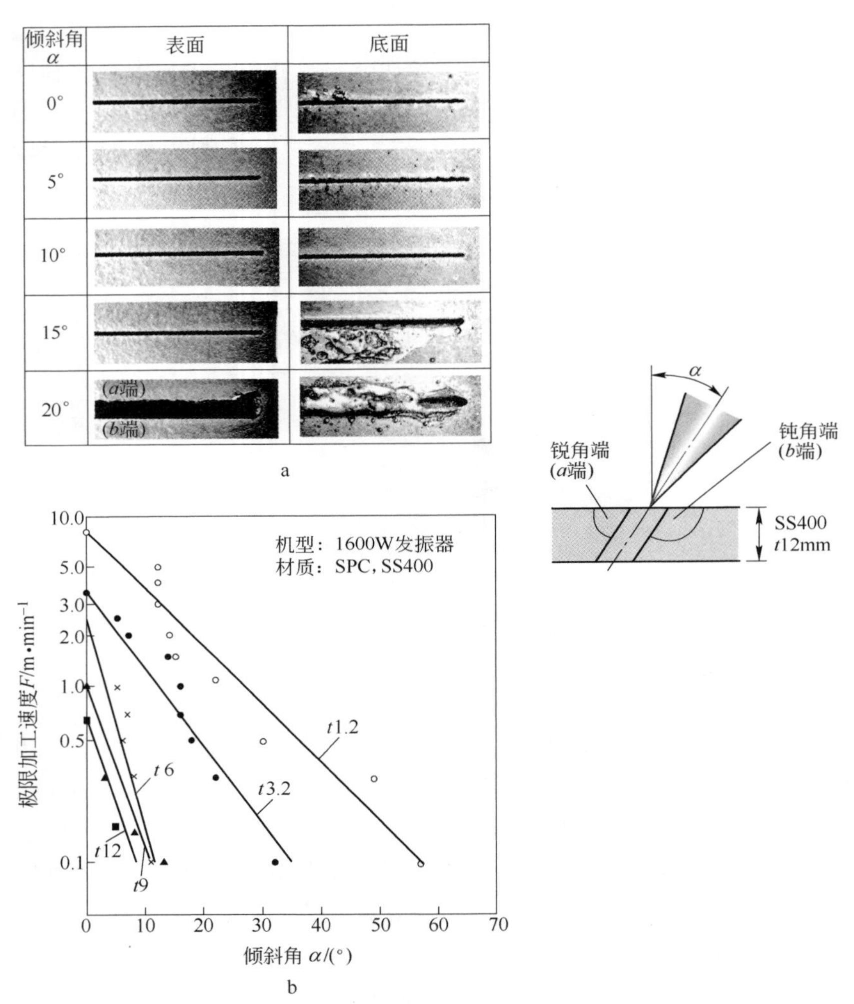

图 3-41　斜向切割时的质量与能力

a—倾斜切割的质量（SS400 12mm）；b—斜向切割中的极限加工速度

【解决方法】

如图 3-41a 所示，12mm 厚材料在倾斜角不大于 10°时，切割质量良好。图 3-41b 显示了对各种厚度的 SS400 板材进行加工时，加工头的倾斜角与极限切割速度的关系。倾斜角越大，切割速度就需要降得越低。

过烧是因为燃烧过度而产生，最根本的有效对策就是对氧化反应热进行抑制。对于厚度小的材料，可以通过使用空气或氮气辅助气体来抑制氧化反应，不会产生过烧。不过，被加工物背面的挂渣会呈增多倾向。

对被加工物进行倾斜切割时，切割方向对加工质量也有很大的影响。切割方向仅限于上升与下降方向时，上升方向会比下降方向更容易产生过烧。

对铝合金等高反射材料进行斜向切割时，由于激光束向被加工物表面的照射面积增大，能量密度会相应下降，更容易引起反射的发生。在三维激光切割中，也需要激光始终垂直进行照射，在需进行斜向切割时，应采取涂抹光束吸收剂等措施防止反射。

3.17 花纹金属板切割中的注意事项

【现象】

花纹金属板的材质一般有碳钢、不锈钢或铝合金。如果把花纹金属板的凸起部分面向上放置进行切割，则碳钢材会更容易发生熔损。图 3-42 中显示了激光前进方向与发生熔损的关系。切割方向上凸起的后半部分更容易发生熔损。

【原因】

在热的传导速度快于切割速度时，热量将汇集于凸起的拐角处，材料表面与喷嘴或与加工透镜之间的位置关系还会在凸起处发生变化，辅助气体压力或焦点位置条件会偏离正常值。

【解决方法】

对花纹钢板进行高质量切割的方法有：（1）减小凸起部分的凹凸变化；（2）抑制热能向凸起部分的集中。

（1）减小突起部分凹凸的影响。放置板材时，把凸起面作为加工背面（底面）、没有凹凸的面作为激光的照射面放置，这样就可以减小加工面上辅助气体压力或焦点位置的变化程度。在设定加工条件时，要将凸起部分的高度也考虑在内，设置最大板厚 T 的切割条件。

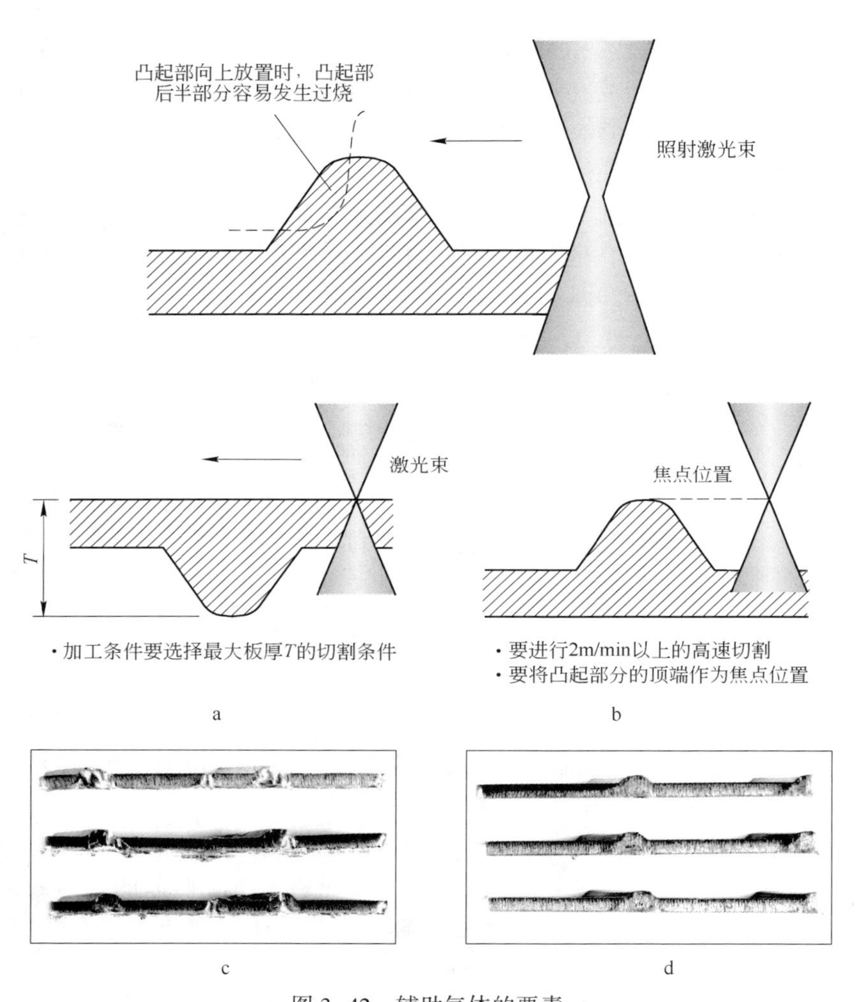

图 3-42　辅助气体的要素

a—将凸起部分作为底面进行加工时；b—将凸起部分作为表面进行加工时；
c—切割质量不好的例子；d—切割质量良好的例子

如果被加工物是比较大的板材，则进行上下翻动的工作负担可能会比较大，但在减轻熔损上不失为行之有效的方法。

（2）抑制热能向凸起部分的集中。在不得不把有凸起的凹凸面作为加工面（表面）进行切割时，就要将切割速度条件设置为大于热传导速度（$F=2\text{m/min}$）的条件。焦点位置要设在凸起部的顶点，凸起部切缝的表面宽度要尽量小。这些都是良好加工质量的关键。辅助气体的喷射量也影响到熔损产生的量。喷嘴要选择直径比较小的喷嘴，尽量减少辅助气体的耗用量。

另外，在此切割中，让喷嘴与被加工物表面之间保持一定距离的喷嘴前端电容式传感器的仿形将是非常困难的，在这种情况下，仿形需要通过接触式传感器来进行，并需要将仿形限定在凸起部的上方。

3.18 厚板切割面粗糙度的改善方法

【现象】

在碳钢厚板的切割中，熔融现象起点的第一条割痕切割面的粗糙度会直接影响从板厚的中部到下部切割面的粗糙度。如果第一条割痕的切割面粗糙度良好；则向下延续的切割面粗糙度也会良好；如果第一条割痕的粗糙度不好，则切割面的中部与下部也不会很好。

【原因】

如图3-43所示，第一条割痕的切割面粗糙度是由激光的照射、燃烧沿切割前沿接触点A点向四周扩散的范围、熔融的量来决定的。在上部产生的熔融金属将在向下方流动的同时引起燃烧反应，使切割向下深入。激光的熔融现象随着激光在被加工物表面的前进（切割）：燃烧从A点开始并扩展（见图3-43a）；燃烧速度v_R先行于激光的前进速度v_L（见图3-43b）；燃烧在温度低的B处停止（见图3-43c）；激光到达停止位置B处（见图3-43d）。如此不断反复最终达到切割目的。要提高切割面的粗糙度，就须在步骤①处让开始并扩展的燃烧停止扩展。

此外，辅助氧气纯度的下降也会使氧化燃烧反应或熔融物的流动性变差，有关解决方法参阅其他章节。

【解决方法】

在第一条割痕处，要最大限度减小燃烧向激光束四周的扩散范围，就需要激光的照射是非连续性的，以便可以使熔融、燃烧现象间歇进行。不过，作为连续性的切割加工，则要求间歇性的照射要在极短时间内反复不断地进行。

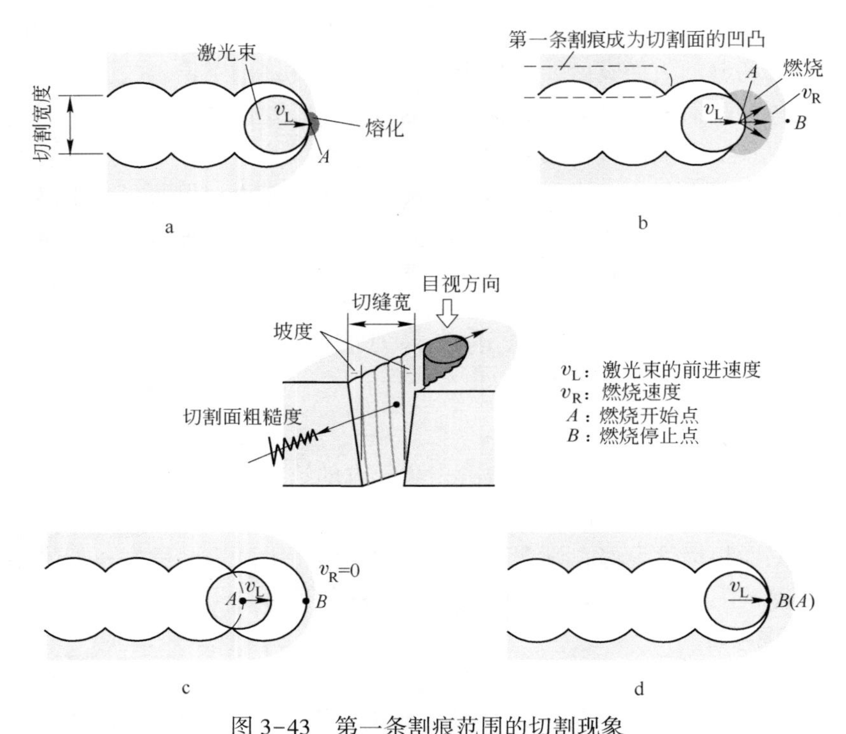

图 3-43 第一条割痕范围的切割现象

a—熔化从 A 处开始扩展；b—燃烧速度先于激光束的深入速度；
c—温度下降，燃烧在 B 处停止；d—激光束到达停止位置 B，B 又成为下一个燃烧的开始点 A

图 3-44 是在对 12mm 厚的 SS400 材料的切割中，分别将激光条件设定为 1300Hz 高频率脉冲（HPW）条件与 CW 条件时，切割面外观与切割面粗糙度的对比。可以看出，HPW 加工时，切割面的上部和中部都可获得良好的切割面粗糙度[9]。

一般的脉冲加工（低频率）就是反复进行光束的照射和停止。照射停止了，加工也会停止，加工成为不连贯的加工。而 HPW 时，因为脉冲频率是高频，所以既可在第一条割痕处使燃烧向四周扩展的范围变窄，又可使停止照射的时间变短，熔融金属可从板厚的中部向下部流动，从而得到连续性的切割。

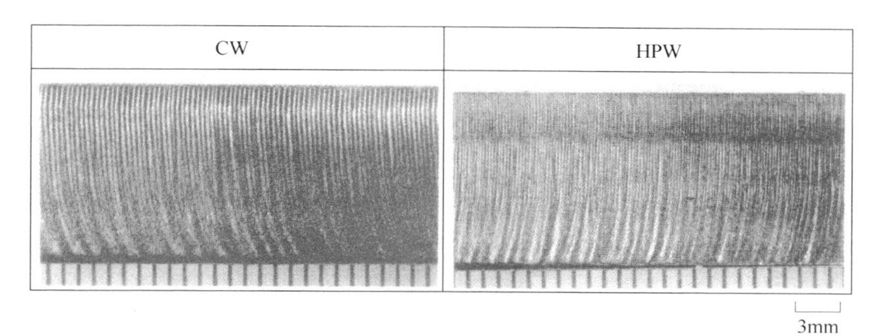

a

位置	CW	HPW
上部 R_u	1mm 50μm	1mm 50μm
中部 R_m	1mm 50μm	1mm 50μm
下部 R_l	1mm 50μm	1mm 50μm

b

图 3-44 CW 切割与高频率脉冲（HPW）切割的切割面对比

HPW 条件：功率 1350W，占空比 50%，

频率 1300Hz，速度 0.8m/min；

CW 条件：功率 1350W，速度 0.8m/min

a—SS400 12mm 切割面外观；b—切割面粗糙度

第4章

不锈钢材料的切割

在不锈钢切割中，以高压氮气作为辅助气体进行无氧化切割的比较普遍，因为这样切出来的切割面质量好，附加值又高，可满足当前市场对产品的要求。不过，当今市场上除对切割面外，对其他方面的要求也是日趋严格。只有对不锈钢特有的加工现象予以透彻理解，才能有效提高加工质量。

（参看插件 4.0-0）

4.1　不锈钢无氧化切割的优点

【现象】

在不锈钢的切割中，一般使用氧气、氮气或空气作为辅助气体，具体用哪一种，要根据实际的加工用途来选择。在切割用辅助气体的消耗量上，氧气是最少的，氮气和空气则相对较多。在切割速度上，使用空气或氮气时，相对较快；而使用氧气时，则相对较慢。切割面的氧化程度按氮气、空气、氧气顺序呈递增趋势，去除氧化膜的工序负担也相应递增。

【原理】

（1）加工速度。图 4-1 所示为用 2kW 功率的 CO_2 激光发振器切割 SUS304 材料时，板厚与切割速度的关系。厚度在 3mm 以下时用氧气切割，可以利用氧化反应来实现高速化。而当板厚大于 3mm 时，则熔融金属的流动性是用氮气切割时好，结果是无氧化切割的速度快。用空气切割，在切割速度上基本可以得到与氮气相同的水平，但在切割面粗糙度及挂渣程度上，加工质量将远不如氮气加工。

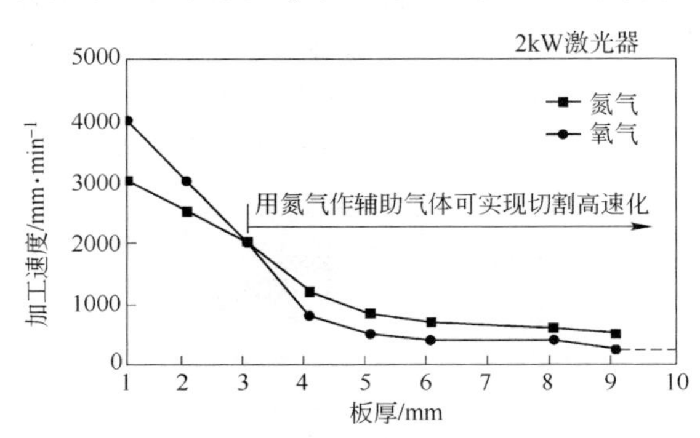

图 4-1　不锈钢的切割速度与辅助气体种类的关系

（2）切割面的处理。用氧气切割还是用氮气切割，切割面表层的硬度将会大不相同（见图 4-2）。被氧化了的切割面表层硬度约为母材的 2 倍，而无氧化切割的表层硬度则比较低且切割面粗糙度好，后序加工的研磨处理也相对比较轻松。使用氧气加工的切割面会出现顽固的氧化层，后续处理工序负担较大。

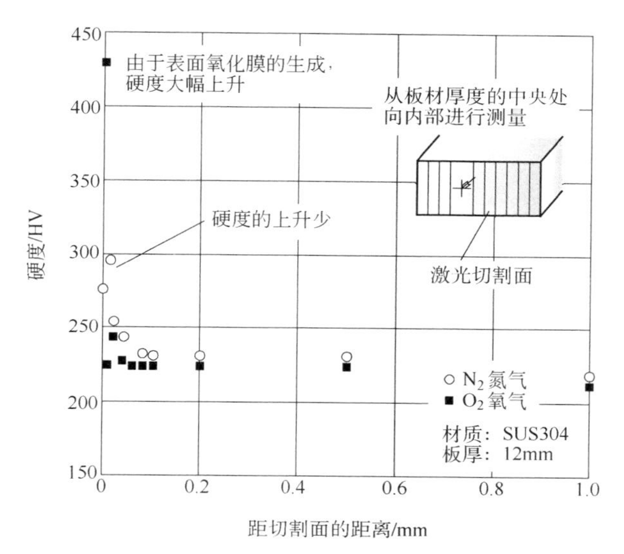

图 4-2 不锈钢切割面的硬度

（3）切割面的耐腐蚀性。图 4-3 是对 SUS304 材料用各种辅助气体进行激光切割而得到的盐雾耐腐蚀实验的结果[7]。用氧气和空气加工的切割面出现生锈，而用氮气进行的无氧化切割面则没有生锈。切割中所用辅助气体的种类对切割面的耐腐蚀性有很大的影响。

生锈	生锈	不生锈
辅助氧气	辅助空气	辅助氮气

盐雾耐腐蚀实验：5%NaCl、测试温度36℃、测试期1周

图 4-3 各种辅助气体切割出的样品的耐腐蚀性实验结果

（4）切割面的焊接质量。将激光切割后的切割面进行对焊时，如果切割面已被氧化，则焊缝内会产生气孔，焊接强度会出现问题；若切割面无氧化，可以得到良好的焊接质量。

4.2 不锈钢的光纤激光与 CO_2 激光的切割性能比较

【现象】

A 切割速度

图 4-4 是功率 2.5kW 的光纤激光和 CO_2 激光对 SUS304 不锈钢进行无氧化切割时的板厚和切割速度的关系。板材越薄，则速度差越大。根据图中的数据可知，切割板厚 1mm 的材料时，CO_2 激光的切割速度是 8m/min，光纤激光的切割速度是 30m/min。随着板厚的增加，速度差急剧减小，切割板厚 10mm 材料时的切割速度大致相同。

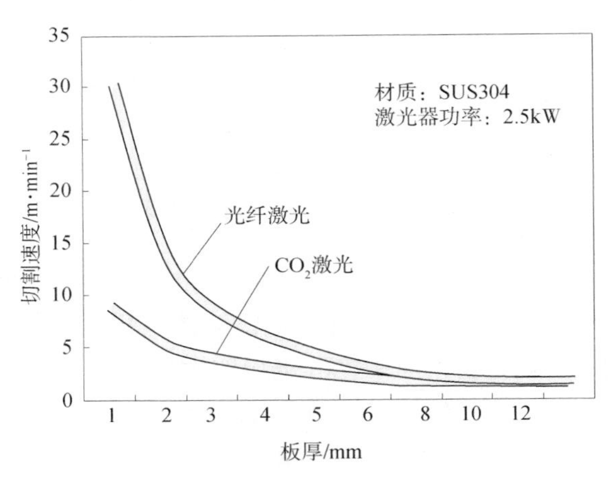

图 4-4 不锈钢切断能力比较

另外，主要加工条件如下：

（1）CO_2 激光。

功率：2.5kW；加工透镜焦点距离：5 英寸或者 7.5 英寸；

辅助气体压力：0.7~1.8MPa。

（2）光纤激光。

功率：2.5kW；加工透镜焦点距离：4 英寸或者 8 英寸；

辅助气体压力：1.0~1.8MPa。

B 切割面质量

图 4-5 所示为薄板和厚板的切割面比较。各板厚的光纤激光切

割面粗糙度比 CO_2 激光的差。板厚越大，则切割面粗糙度的差别也就越显著。图 4-6 是光纤激光切割板厚 10mm 材料的切割面中央部放大照片，从中还可以见到熔融金属流过的痕迹，推测是受熔融金属温度的影响。

板厚	光纤激光	CO_2激光
3mm		
10mm	A	

材质：SUS304

图 4-5 切断面的比较

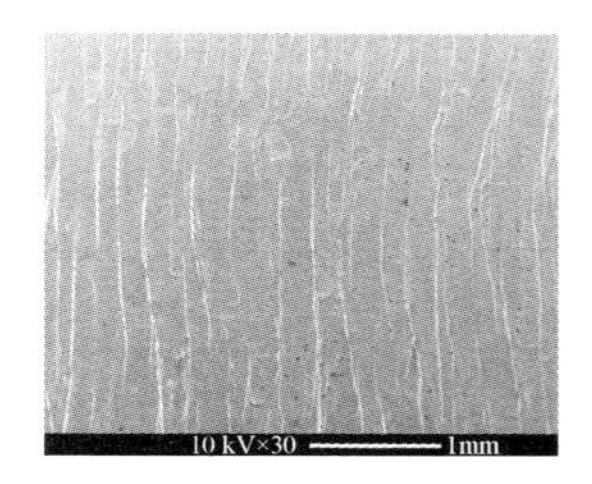

材质：SUS304
板厚：10mm
位置：板厚中央部(A)

图 4-6 光纤激光切割面 A 部的放大照片

【原理】

CO_2 激光的波长为 10.6μm，光纤激光的波长为 1.07μm，此波长的差影响着材料对光束的吸收率。图 4-7 所示为板厚 2mm 的切割缝宽比较，光纤激光的上部缝宽约为 1/2。这表示光纤激光的聚光点直径小，能量密度高。薄板切割受这两个要素（波长、能量密度）的影响，实现光纤激光切割的高速化。

但是，厚板切割为了从切割缝内排出熔融金属，须有意扩大缝宽，增大辅助气体的流动。为此进行的焦点位置调整是降低聚焦点的能量密度，由此两种激光的切割速度差变小。

切断缝宽	光纤激光	CO_2激光
断面照片		
上部切断缝宽	0.19mm	0.42mm
下部切断缝宽	0.31mm	0.30mm

材质：SUS304；板厚：2mm

图 4-7　切断缝宽的比较

4.3　解决不锈钢的须状毛刺所导致加工缺陷的方法

【现象】

在不锈钢的穿孔加工中，激光束一照射到金属上，金属就开始熔融。如图 4-8 所示，熔融物将被喷出到材料表面，飞溅到小孔的周围，并形成须状毛刺。这些须状毛刺会使切割面出现划痕，还会影响到静电容量传感器的仿形动作。

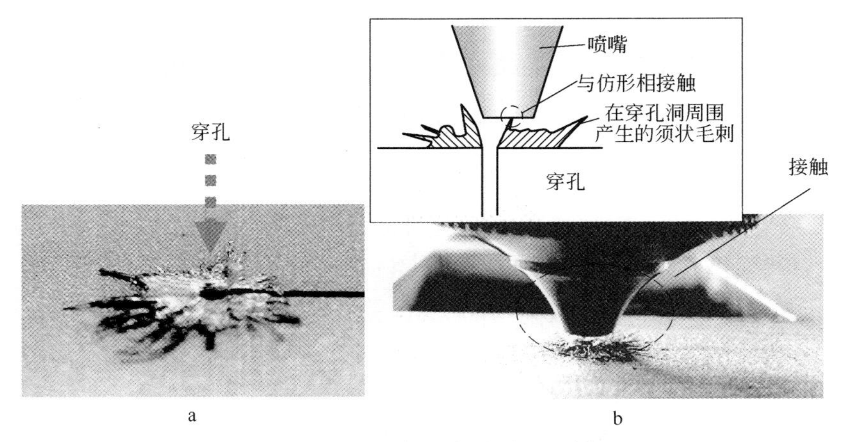

图 4-8　不锈钢穿孔时的毛刺

a—产生须状毛刺；b—与喷嘴的接触

【原因】

辅助气体使用氧气时，熔融金属会在穿孔过程中氧化，不会形成须状物，且与不锈钢材料表面间的紧贴性也不强。而辅助气体使用氮气时，熔融金属不会被氧化，此时熔融金属的黏度较低，会伸展成为须状物，且由于该熔融金属与材料表面间的紧贴性较强，将在小孔的四周堆积。

【解决方法】

防止熔融金属的飞溅、黏着的方法有：（图 4-9a）减少产生的量；（图 4-9b）防止黏着；（图 4-9c）黏着之后去除（见图 4-9）。

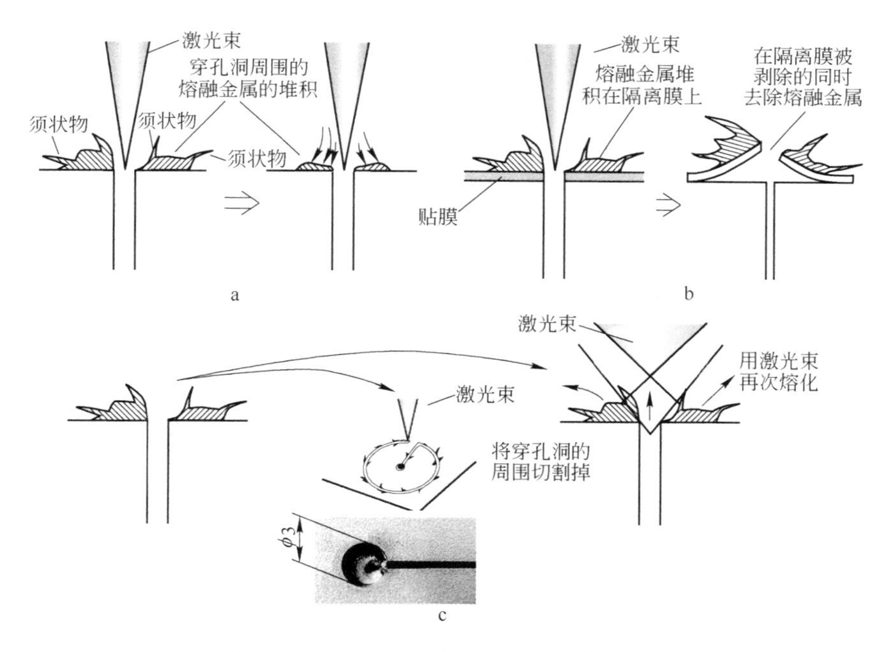

图 4-9 解决不锈钢须状毛刺问题的方法

a—减少发生量；b—防止黏附；c—去除

（1）减少产生的量。

1）调整穿孔条件，提高频率降低单一脉冲的输出功率将可有效减少熔融的量。图 4-10 是分别以 200Hz 和 1500Hz 频率进行加工的结果。需要注意的是，使用此加工条件时，热量输入也会同时增加，是不能用于厚板切割的。

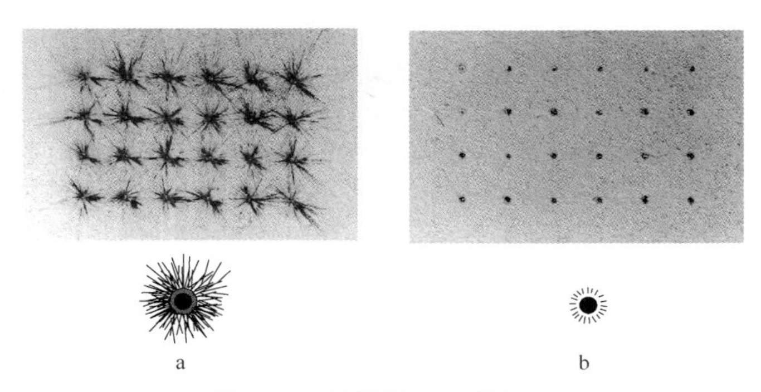

图 4-10 不锈钢 1mm 的加工
a—以 200Hz 频率进行的穿孔；b—以 1500Hz 频率进行的穿孔

2）利用辅助气体或侧吹气体将从穿孔洞中喷出的熔融金属吹散。图 4-11 所示为分别以 0.05MPa 和 0.7MPa 压力的辅助气体进行加工的结果。可以看出，使用高压气体时，黏着在表面的熔渣量较少。

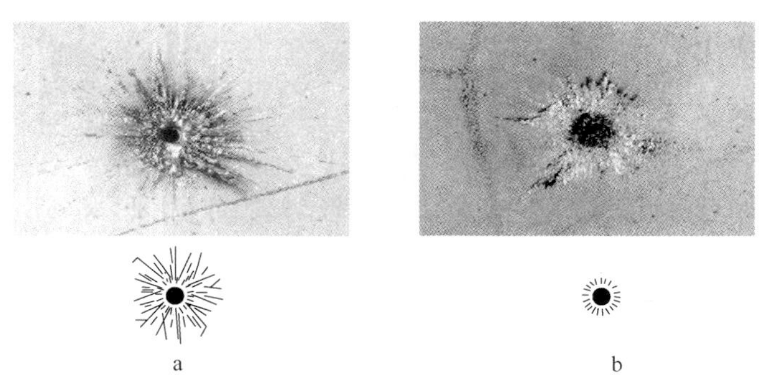

图 4-11 不锈钢 6mm 的加工
a—以 0.05MPa 气压进行的穿孔；b—以 0.7MPa 气压进行的穿孔

（2）防止黏着。在材料表面涂抹隔离膜也可起到防止熔融金属黏着的作用。材料表面上涂有隔离膜时，穿孔中所产生的熔融金属将会堆积在隔离膜上，而不会直接黏着在材料表面。隔离膜可以使用熔渣防止剂或易于后序处理的界面活性剂（见图 4-12）。

板厚 /mm	4	6	9	12	效果
①氮气穿孔		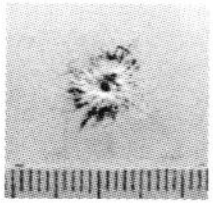		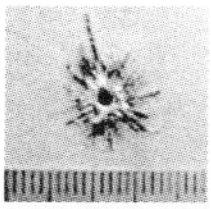	•熔融物较大 •非常顽固
②氧气穿孔	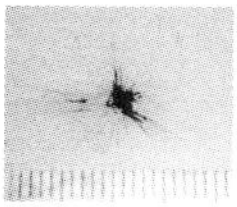	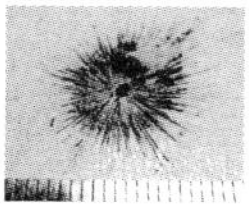	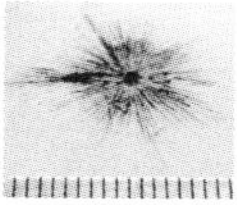	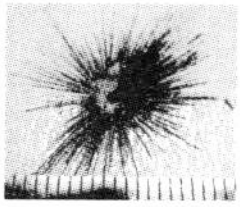	•熔融物虽大，但不顽固
③涂抹界面活性剂		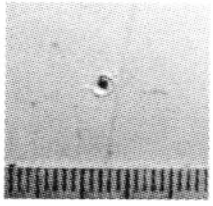	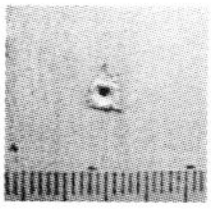		•与①相比，熔融物较小

图 4-12 防止黏着在材料表面

（3）去除。有两种去除须状毛刺的方法：一种是在穿孔洞的附近切割很小的圆孔，切割圆孔时将熔融金属一起切除；另一种是在穿孔后把焦点位置向上方移动，将堆积物进行再熔化，并用气体将之吹散（见图 4-12）。

4.4 解决厚板在穿孔后开始加工部位产生加工缺陷的方法

【现象】

如图 4-13 所示，在不锈钢厚板的无氧化切割中，穿孔时产生的熔融金属将会堆积在穿孔洞的上面，加工头经过时就会产生加工不良。如果将穿孔时所用辅助气体改为氧气，则可减少熔融金属的堆积。不过，穿孔中使用氧气时需要注意的是，在穿孔后进入下一步的切割之前如辅助气体管路内的剩余氧气不能完全排除干净，则所剩氧气将会混入到氮气里，会使切割面发生氧化。（参看插件 4.4-0）

【原因】

（1）堆积物的影响。如图 4-14 所示，堆积物对加工的影响就是在切割时容易引起激光的反射、扰乱辅助气流。在无氧化切割中，穿孔时把焦点位置设置在 $Z=0$ 附近，而在切割时再改为 $Z=-T$（T 为

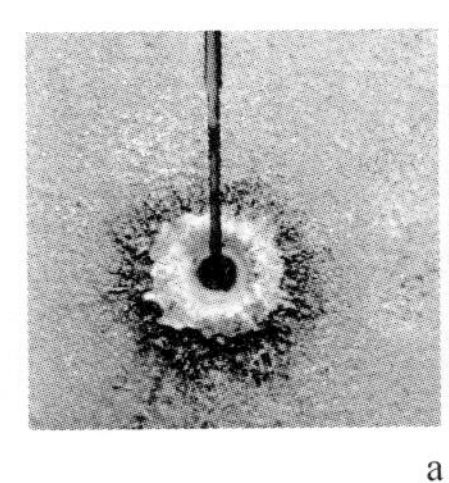

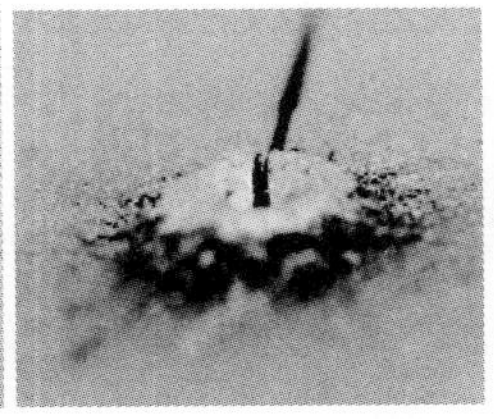

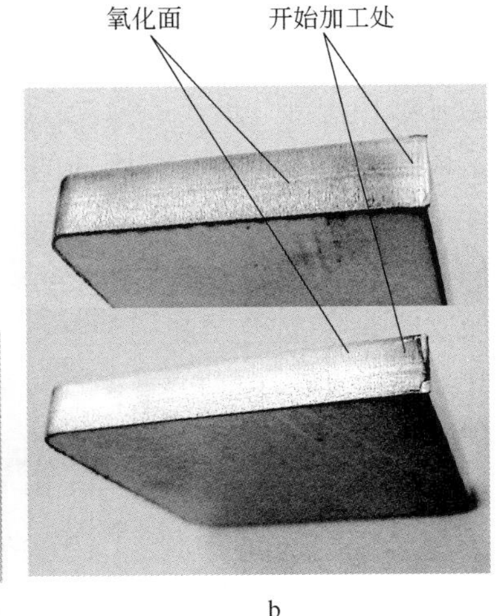

a　　　　　　　　b

图 4-13　穿孔后开始切割处的不良

a—熔融金属的堆积量增加；b—氧气穿孔后的保洁不足

被加工物的板厚）的方法比较普遍，但是会降低切割时照射到材料表面的能量密度，容易造成加工不良。

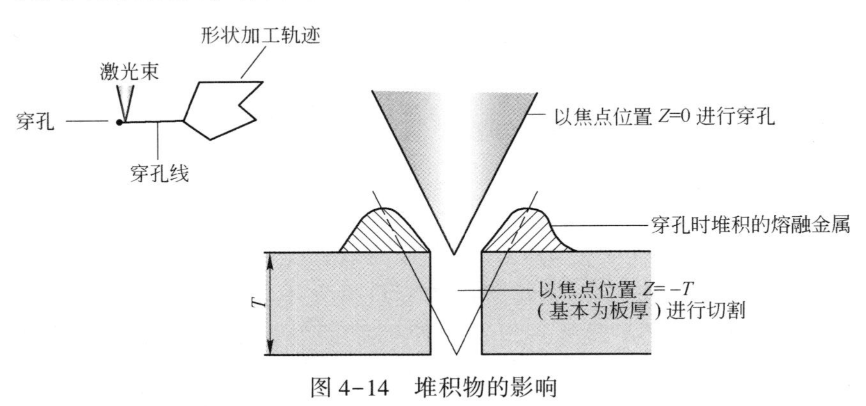

图 4-14　堆积物的影响

（2）气体切换的影响。在进行氧气和氮气的切换时，需要将管路内的剩余气体高效、彻底地排出。穿孔的次数越多，气体切换的次数也越多，排放气体所需的保洁时间就越长。

【解决方法】

(1) 针对堆积物的影响。如图 4-15 所示，对有熔融金属堆积物的开始切割部分使用高激光能量密度条件。具体做法是：在穿孔后开始切割处使用与穿孔时相同的高能量密度、相同的焦点位置 $Z=0$ 条件进行切割，经过堆积物后再降低焦点（$Z=-T$）[1]。以 $Z=0$ 的焦点位置进行切割时，切缝宽度会比较狭窄，被加工物背面的毛刺量会增加，因此穿孔线（开始切割的线段）要设置在不是零件的位置处；其他加工条件参数也要设定为高功率、低速度条件。此时的条件设定是以堆积物部分的稳定加工为首。

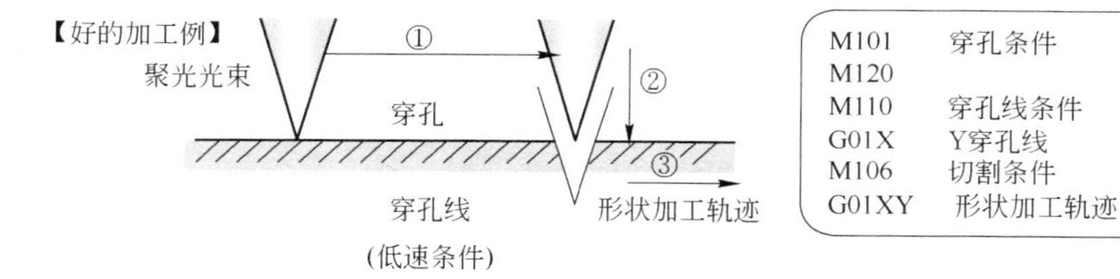

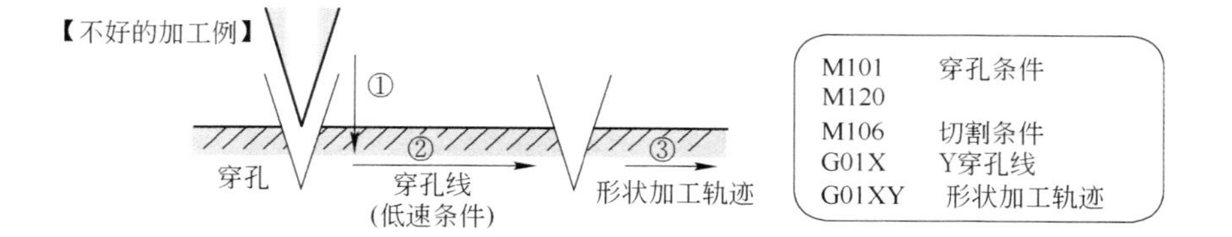

焦点位置的优化

图 4-15 开始切割处不良的解决方法（防止反射）

(2) 缩短气体的切换时间。如图 4-15 所示，先用氧气完成所有的穿孔加工，之后再返回到加工开始点，把辅助气体切换成氮气，将剩余的氧气彻底排除干净后再开始切割。采用这种方法，气体只需切换一次即可，可节省排放气路内剩余氧气所耗费的时间（见图 4-16）。

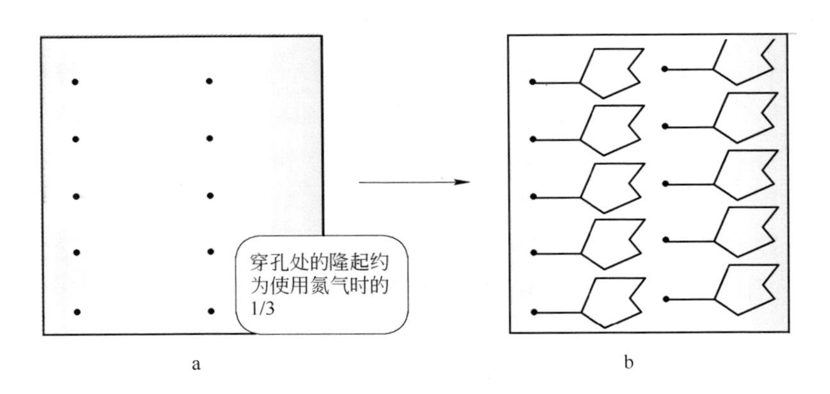

图 4-16　始切处不良的解决方法（保洁）
a—以氧气条件进行穿孔；b—充分进行气体保洁后开始切割

4.5　减少用空气或氮气切割薄板时在尖角处产生毛刺的方法

【现象】

在不锈钢的切割中,当辅助气体采用空气或氮气时,在加工形状的尖角处或加工结束处的材料背面将产生毛刺,如图 4-17 所示。

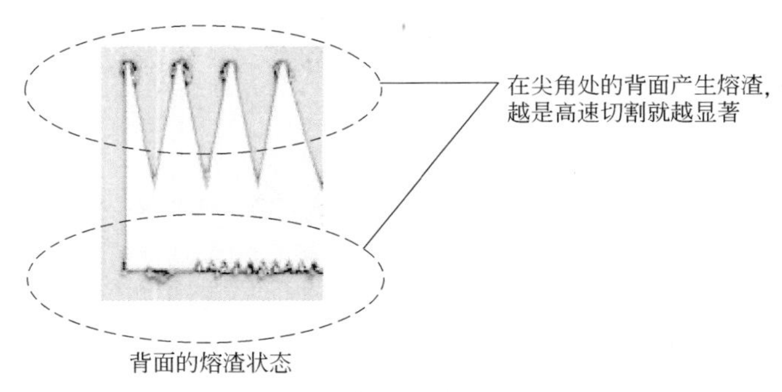

图 4-17　尖角处背面的熔渣黏着

【原因】

加工机或加工头是按照 NC 的设定速度移动的，但在移动轴进行转换的尖角处或加工结束处，加工速度受加工机特性影响而减慢。一般情况下，加工机激光功率的设定都是固定不变的，这样在加工速度减慢的位置处，激光功率与速度的平衡会被破坏（输出功率过剩），导致毛刺的产生（见图 4-18）。

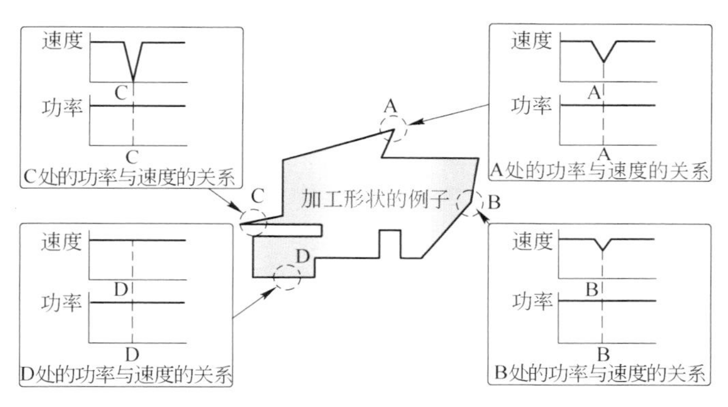

图 4-18 尖角处的功率与加工速度的关系

【解决方法】

（1）通用的加工条件。在加工条件的设定上，尽量降低最大切割速度，以使整个加工轨迹中的最大和最小切割速度之差为最小。切割速度无论是在最大还是最小，输出功率都要相应设定为毛刺产生量较少的条件。利用这种方法的缺点是，平均速度会降低，使整个加工时间变长。

（2）修改轨迹。设计超程轨迹，使切割速度不致在尖角部或结束部降低。例如，将程序编制为在尖角处做环状超程处理的程序。做了环状处理时，轨迹在加工方向的转换处，就会变为一个逐渐改变的过程，可避免切割速度的急剧下降。在内孔加工的结束处使用环状超程程序，也可以在不降低切割速度的情况下切出内孔。但当尖角附近有产品，或尖角的内侧和外侧都是产品时，不能使用此方法。

（3）NC 的控制。针对上述问题，已开发出了相应的控制功能。即通过对加工机切割速度的实时检测，实现激光输出功率配合切割速度变化自动调整为适当值的功能。

原理如图 4-19 所示，当切割速度在尖角处减速时，激光输出功率也相应降低。在加工结束处也是一样，输出功率会随着切割速度的减速而自动降低。

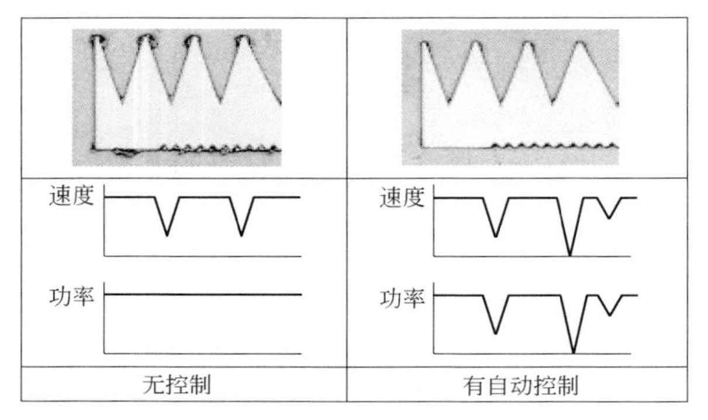

图 4-19　尖角处的功率控制

4.6　解决不锈钢厚板氮气切割时产生毛刺的方法

【现象】

熔融金属如不能被从切缝中顺利排出，则会黏着在被加工物的背面形成毛刺。如果是没有用过的材料，则质量不好的原因可能是因为加工条件不合适所致，需要对条件参数进行调整。下面论述的是曾经切割良好但现在却出现了问题的情况（参看插件 4.6-0）。

【原因】

是否能把熔融金属从切缝中顺利排出，离不开能把熔融金属向下推出的适当辅助气压，以及能充分发挥这一排出效果的切缝形状及熔融物流动的连续性。毛刺产生的原因如图 4-20 所示，主要有：(1) 切缝宽度的尺寸偏离了初期的最佳值，变窄了或变宽了；(2) 加工形状影响了熔融金属流动的连续性。

【解决方法】

(1) 切缝的变化。不锈钢的无氧化切割不同于碳钢切割，焦点位置要设定在材料内部（$Z<0$），以提高激光的熔融能力和增加切缝的宽度。如果焦点位置设定不当而偏离最佳值，则切缝内熔融金属的流动性会变差。当焦点过浅时，毛刺会比较锋利；而当焦点过深时，毛刺

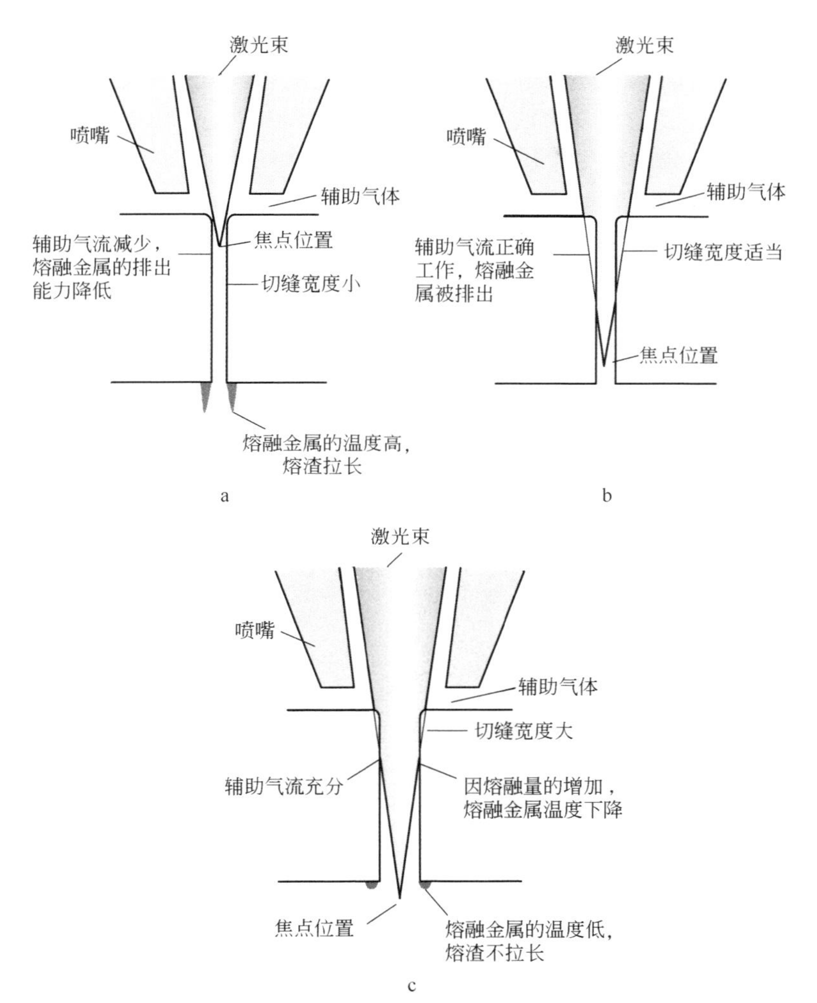

图 4-20　焦点位置与切割现象的关系

a—尖锐熔渣；b—无熔渣；c—球状熔渣

会呈球状。调整焦点位置时，可以根据毛刺的形状来寻找最佳位置。

如果毛刺是随着加工的进展而逐渐增加，随切缝宽度逐渐变化，原因就是激光的照射使光学元件升温，产生了热透镜效应。此时，需要清洗透镜或 PR 镜。

（2）加工形状的影响。当激光经过尖角前端后，辅助气流突然变得不稳定时，或功率与速度的平衡因切割速度的急剧变化而遭到破坏时，很容易生成毛刺。解决方法就是降低加工条件中加工速度的设定值（见图4-21）。尖角的角度越小，低速条件设定就越有效。另外，在由低速向高速条件的转换中，也需要将速度转换设定为分步进行的过程。

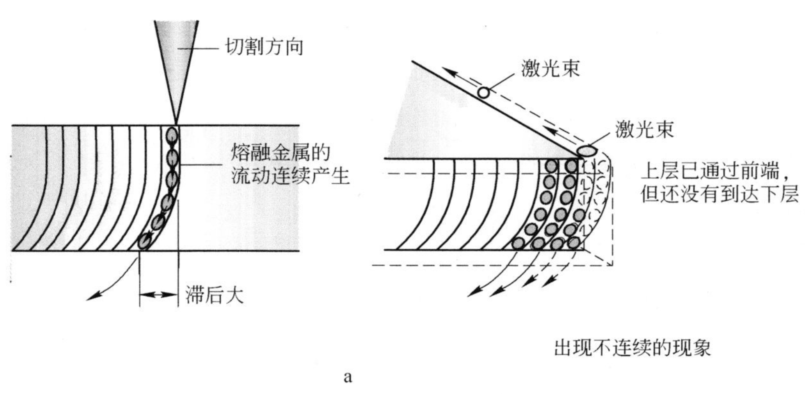

a

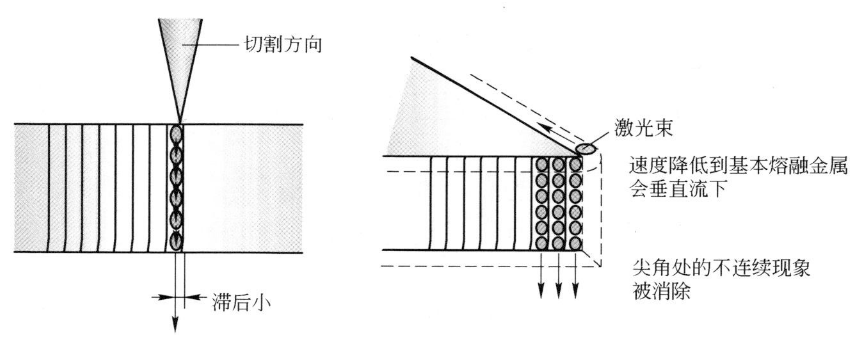

b

图 4-21 尖角处的加工现象

a—高速条件；b—低速条件

4.7 不锈钢提取多个加工中的切割余量（间距）

【现象】

在激光切割中，零件与零件间的余量（间距）会影响到材料的利用率。在材料费用日益高涨的今日，咨询如何可减少余量的客户络绎不绝。余量过窄，则切割中所产生的热能会影响到下一个零件，使加工质量受到影响。

【原理】

如果加工形状基本上都是由直线构成，并且无须设定补偿，精度容差也在切缝宽度范围内，则可尝试使用共边切割方法（见图4-22）。这种做法不但可提高材料利用率节省费用，还可以节省共边部分加工路线的加工，大幅缩短加工时间。如果是同一形状的重复加工，则加工程序编制起来也很简单；如果是多个不同形状的加工，则可以将5、6个形状的加工组合为一个程序，再将该程序进行反复即可。

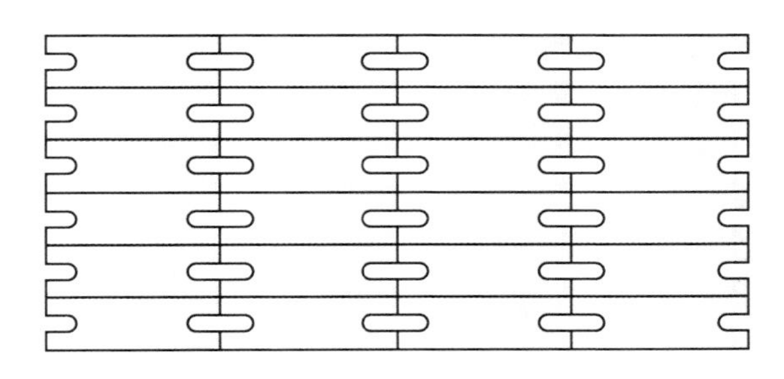

共边切割中没有切割余量(缝隙)

图4-22 共边切割示例

对于需要设定补偿的形状或不能进行共边切割的形状（R形状）进行多个加工时，需要在零件与零件间设置一定宽度的间距（如图4-23所示）。而这个宽度应该设置为多少才合适？一般情况下，宽度会因加工板厚而异，程序编制上的参考标准是：厚板时，为板材厚度的一半左右，即当板厚12mm时为6mm，板厚16mm时为8mm；中板时，为板材的厚度；薄板时，为板厚的2~3倍，即板厚2mm时为4mm，板厚1mm时为3mm左右。表4-1所示为各种板厚时的余量参考值。

表 4-1　切割留边值参考标准

板厚/mm	切割留边宽度/mm	标　准	板厚/mm	切割留边宽度/mm	标　准
1	3	板厚的 3 倍	6	6	板厚的 1 倍
2	4	板厚的 2 倍	12	6	板厚的 1/2
4.5	4.5	板厚的 1 倍	16	8	板厚的 1/2

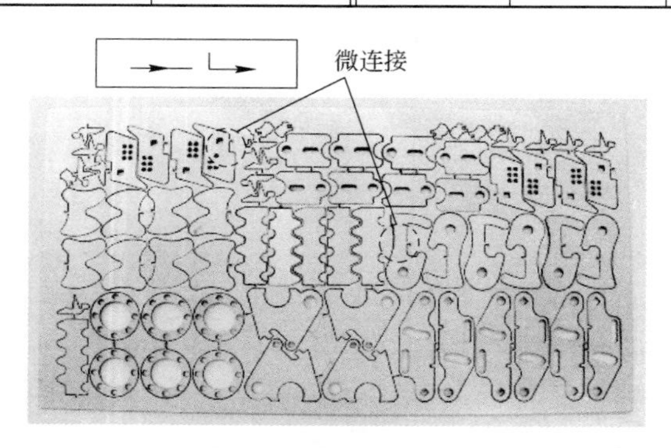

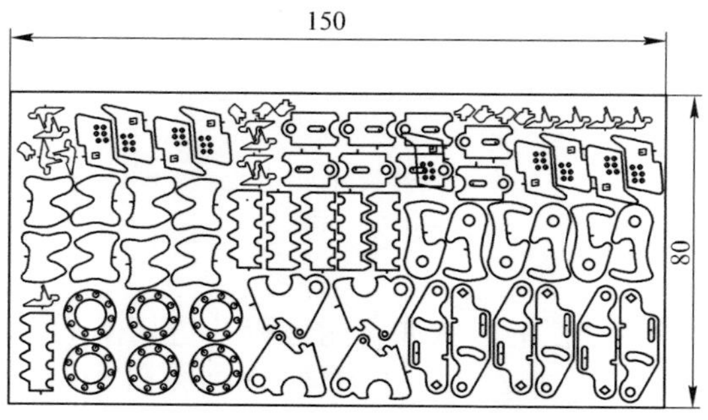

图 4-23　排版示例

4.8　如何寻找不锈钢无氧化切割时的最佳焦点位置

【现象】

如图 4-24 所示，在无氧化切割中，加工质量的缺陷容易表现在熔融金属冷凝在被加工物的背面，形成毛刺。毛刺的高度、数量、形状依加工条件或加工形状而有所差异。下面对影响切割质量最大的焦点位置进行讨论。

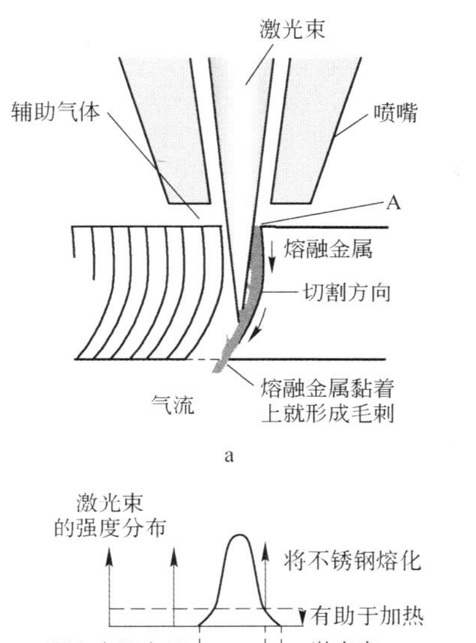

a

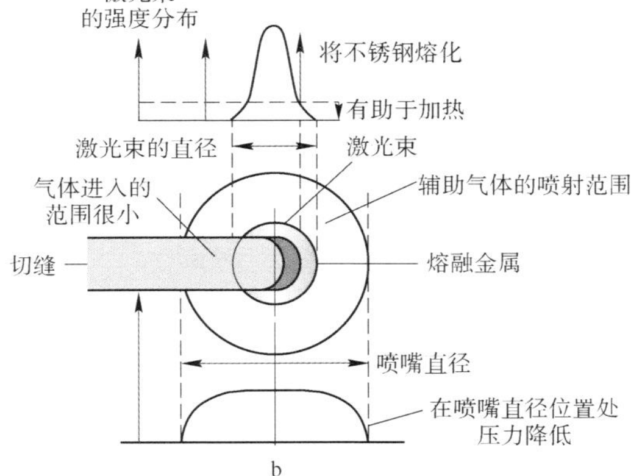

b

图 4-24　熔渣的产生状态

a—截面图；b—被加工物表面 A 处的激光束与辅助气体的强度分布

【原因】

激光的聚焦后焦点直径或射向材料的入射角会随着焦点位置的不同设定，而发生如图 4-25 所示的变化。焦点直径越小，能量密度就越大，熔融金属就越容易升为高温。反之，如果焦点直径大，则熔融金属量会变多，温度会下降。熔融金属的温度高时，黏度会较低，在切缝内的流动性好，易于从切缝中排出。切缝宽度窄时，则通过的辅助气体量也会很少，把熔融金属推向下方的能力也就会很低。另外，切缝形状在板厚方向上的变化也会影响熔融金属的流动状态。

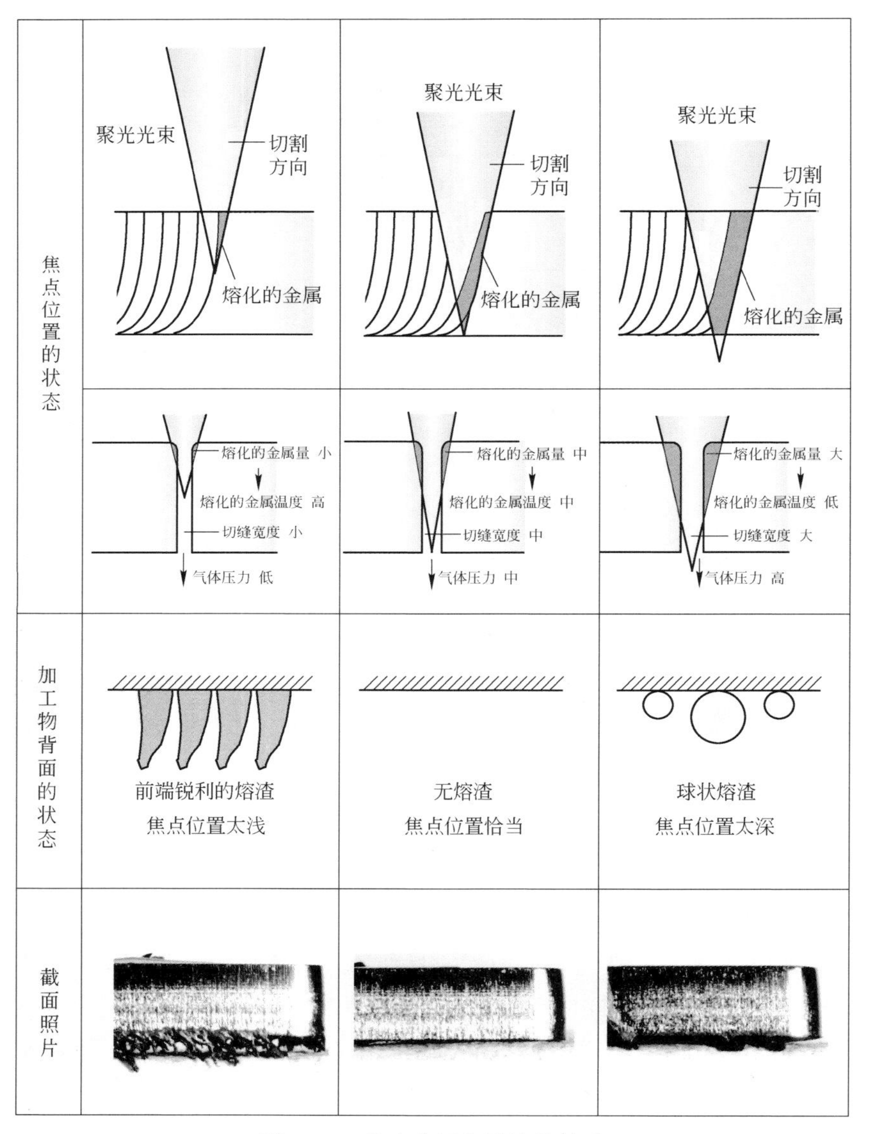

图 4-25 焦点位置与熔渣的关系

【解决方法】

根据毛刺的黏着状态来调整焦点位置，当焦点位置过浅时，毛刺的前端会较尖锐；反之，当焦点过深时，毛刺将呈球状。应根据毛刺的形状、量来寻找如图 4-25 所示的最佳焦点位置。

（1）前端尖锐的毛刺。尖锐的毛刺是在排出熔融金属的辅助气压不足时形成的。虽然高能量密度会使熔融金属迅速成为高温流体，但是上部的切缝宽度过窄时，将不能使足够的气体进入切缝内，而此时熔融金属的黏度又较低，会向切缝下方大幅度伸展，形成较锐利的毛刺。解决方法就是把焦点位置向下移，加宽上部的切缝宽度。

（2）球状毛刺。焦点位置过深时，切缝上部会比较宽，下部又会急剧变窄，将产生很大的锥度。切缝横截面面积的增加，使熔融金属的量增加，温度降低。低温熔融金属的流动性比较差，会在切缝下部冷凝。此时需要减少切缝截面面积，提高熔融金属的温度。

4.9 等离子体面的切割方法

【现象】

在不锈钢的无氧化切割中，辅助气体使用的是高压氮气，加工的板材厚度越大，就需要更大的喷嘴直径，辅助气压也要设定得很高，气体的消耗量很大。

减少气体消耗量的方法之一就是，让切缝内产生等离子体，利用等离子体的热能进行切割。在一般的激光加工中，等离子体会使加工能力或加工质量变差；而在不锈钢的无氧化切割中，利用等离子体进行切割，可使气体消耗量削减 20%~30%。

【原理】

如图 4-26 所示，普通无氧化切割时的加工条件是把焦点位置设置在板厚的内部，将辅助气体设为高压条件。但是，如果要将所产生的等离子体封闭在切缝内，就需要将加工条件设置为能使熔融金属温度更高、等离子体有成长环境的条件。

具体的设定方法如下：

（1）焦点位置向下设置的量比通常的无氧化切割要小。这样可以得到能量密度更高的激光。

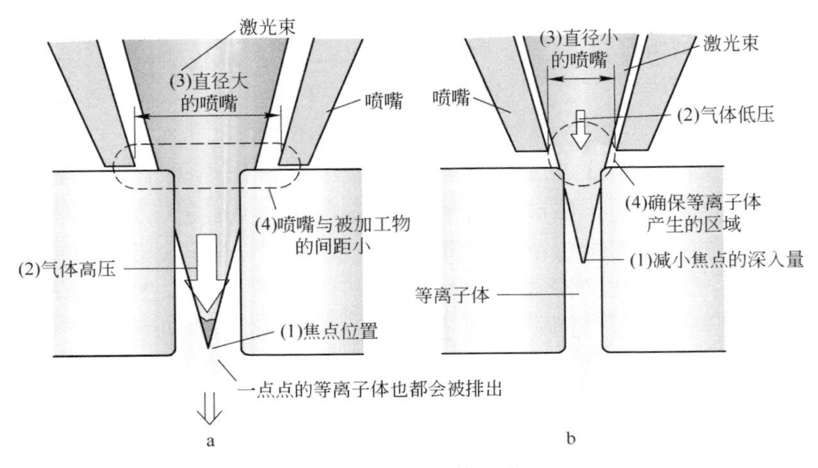

图 4-26　等离子体的产生

a—普通切割；b—等离子体面切割

(2) 辅助气压的设定要低于通常的无氧化切割。这样可以把等离子体封闭在切缝内。

(3) 喷嘴直径要比通常的无氧化切割时的直径小。这同样是为了能把等离子体封闭在切缝内。

(4) 喷嘴与被加工物的间距要略大于通常的无氧化切割时的间距。这是为了在喷嘴与被加工物之间创造等离子体的成长空间。

图 4-27 所示为106mm 厚的 SUS304 材料的普通切割面与等离子体切割面的对比图。等离子体切割面从上方到 2mm 以内范围的粗糙度良好，2mm 以下的切割面则比较粗糙。因为等离子体一旦产生，极大的金属蒸发压力也会应运而生，这个压力在把熔融金属从切缝内排出的同时，又会使切割面变得粗糙。

SUS304　10mm

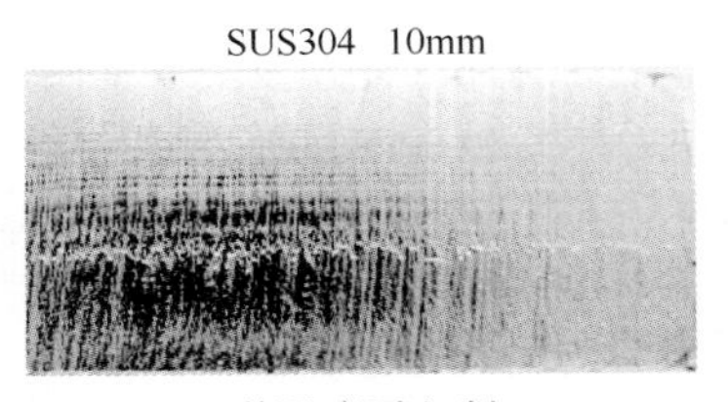

普通(亮面)切削

SUS304　10mm

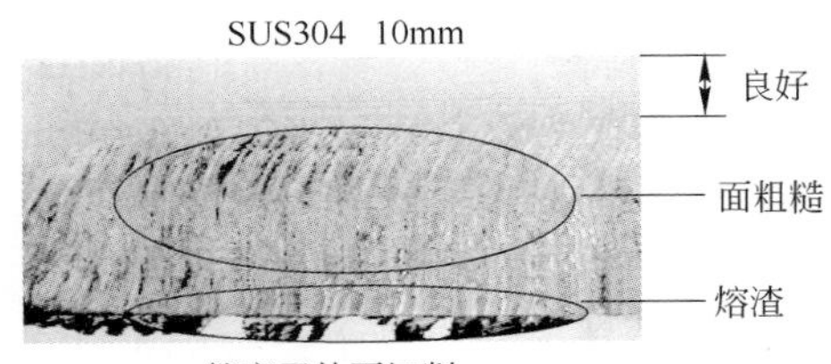

等离子体面切削

发振器功率 /kW	最大板厚 /mm	普通(亮面)切割		等离子面切割	
		切割速度 /m·min⁻¹	喷嘴(气压) /MPa	切割速度 /m·min⁻¹	喷嘴(气压) /MPa
2	8	0.5	ϕ3.0(1.4)	0.5	ϕ3.0(1.4)
	12	—	—	0.25	ϕ3.0(1.6)
4	12	0.5	ϕ3.5(2)	0.6	ϕ3.0(1.5)
	20	—	—	0.2	ϕ4.0(1.6)

图 4-27　SUS304 10mm 的切割面与加工条件

等离子体具有吸收激光的特性，激光的照射有助于等离子体的连续产生。虽然此方法会受板材厚度限制，但在提高切割速度、减少辅助气体消耗量上，不失为行之有效的方法。

4.10　解决厚度小于0.1mm不锈钢切割不稳定的方法

【现象】

在切割薄板材料时，焦点位置的微小变化都会影响到加工性能。在厚度小于0.1mm的超薄板切割中，如果材料的支撑件使用普通的锥体状或板条状支撑件，则加工材料的稳定支撑会变得比较困难(见图4-28)。

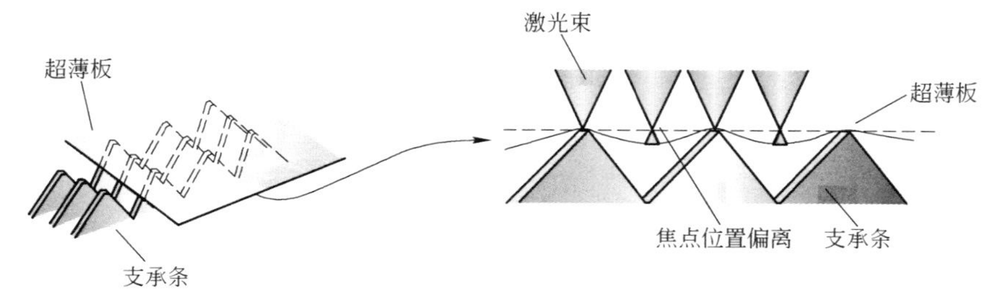

图 4-28　超薄板切割中的焦点位置偏离

【原因】

在超薄板的低输出功率条件下，微小的焦点偏离都会引起激光在材料表面的反射，严重降低熔融能力。切割中的加工气体压力、热影响下的材料变形等都会引起反射。对于这类超薄板，加工时可使用如图 4-29 所示的方法。

方法(1)

在压克力板或1～2mm厚的铁板上切出个方孔，然后将超薄板放在上面，用胶带固定后再进行加工

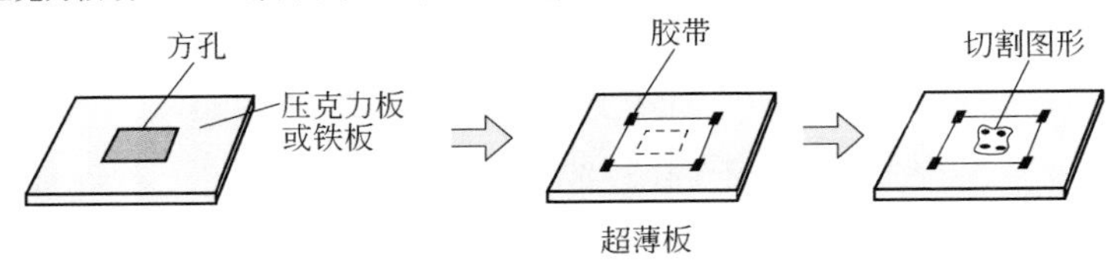

方法(2)

购买蜂窝铝板，将材料放在上面加工

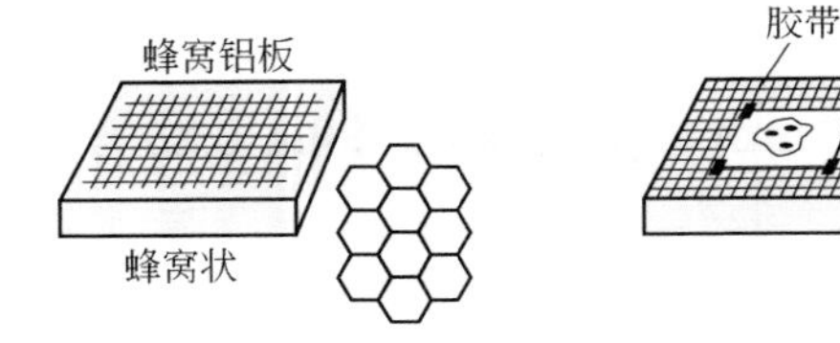

胶带

方法(3)

切出一个比压克力板或铁板的加工图形大1mm左右的形状(向外侧偏置1mm)，
把材料固定在上面进行加工(加工时需要对齐位置)

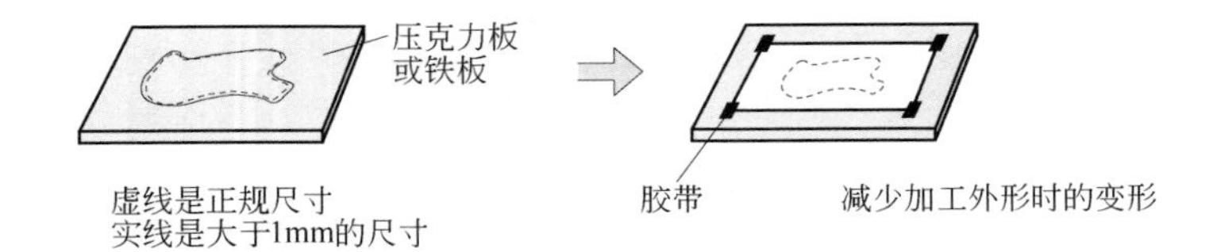

方法(4)

把材料贴在木材或压克力板上，上下同时切割

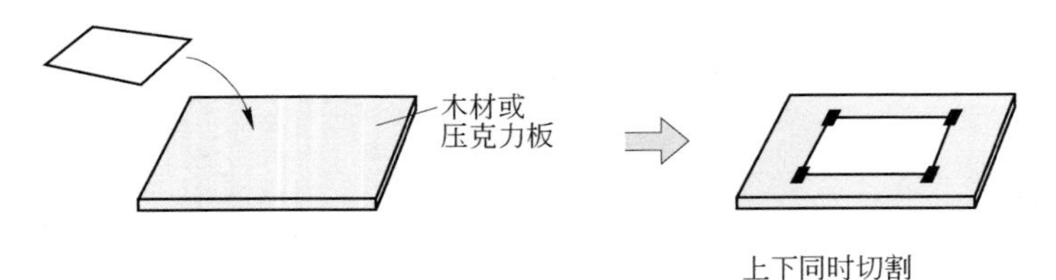

方法(5)

将各材料贴紧，重叠起来加工

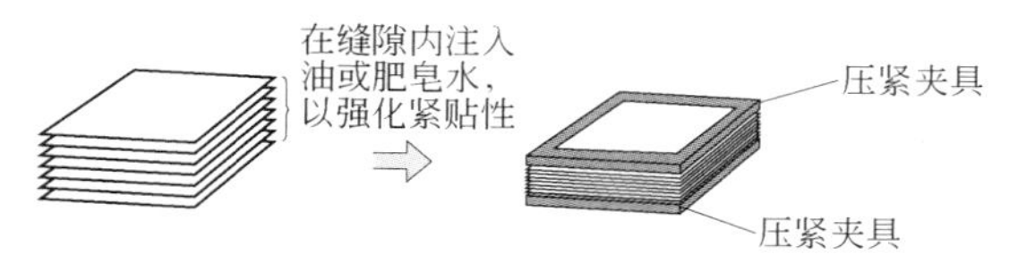

图 4-29　超薄板的切割方法

【解决方法】

（1）简易辅助工具。用压克力板或厚 1~2mm 的铁板切割出一个比加工形状略大的窗口，然后将超薄板加工材料粘贴在上面进行切割。不过，用此方法时，如果加工形状的尺寸较大，且窗口的中心部有加工位时，就很难不产生凹陷，加工起来比较困难。

（2）蜂窝铝板。把加工材料放在蜂窝铝板上进行加工就可减少被加工物的凹陷，焦点也不会偏离。其缺点就是材料与蜂窝铝板相接触的底面部分容易出现划痕或被弄脏。

（3）支撑工具。运用加工程序，在压克力板或铁板上切割出一个比切割形状大 1mm 的形状，再把加工材料粘贴在上面进行切割。这样可以将支撑准确把握在加工形状的近旁，能更进一步提高加工的精度。

（4）同时切割。同时切割是把压克力板或厚纸、胶合板等作为支撑材料来使用，把加工材料粘贴在支撑材料上面，切割时连同支撑材料一起切割的方法。不过需要注意的是，支撑材料所释放出的气体有可能会弄脏加工材料的底面。

（5）重叠切割。单张的加工材料会凹陷，但如果数十张重叠起来，则板厚变大，变形会相应减少，可以实现稳定加工。将材料重叠起来进行加工时，毛刺基本上都是产生在最底层的板材上，此时可考虑将最底层的板材作为弃材。

4.11　减少不锈钢无氧化切割背面烧痕的方法

【现象】

在不锈钢的无氧化切割中，被加工物的表面不产生烧痕，而是在背面沿着切口的两侧发生，且板越厚，烧痕越宽，颜色也越深（见图 4-30）。

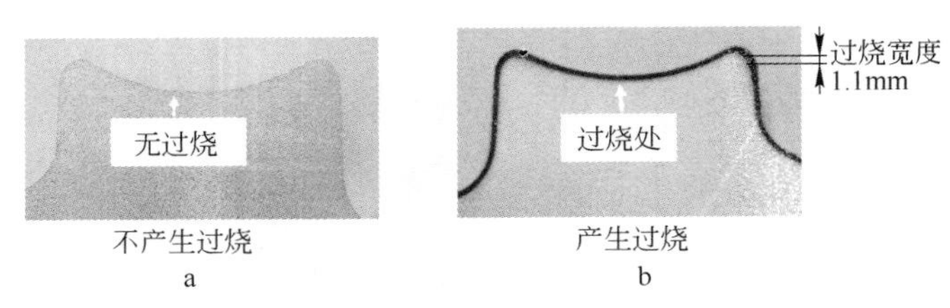

图 4-30　切缝周围的过烧

a—表面的照片；b—背面的照片

【原因】

如图 4-31 所示，被加工物的背面之所以会产生烧痕，是因为切缝周围在受熔融金属的影响变成高温后，其高温部分与空气中的氧气相接触而被氧化所致。被加工物表面因为切缝周围被从喷嘴喷出的氮气所屏蔽，阻挡其与空气的接触，不会产生烧痕。而背面则因为穿过切缝的氮气并不能在背面形成屏蔽，高温部分接触到空气，就会形成烧痕。

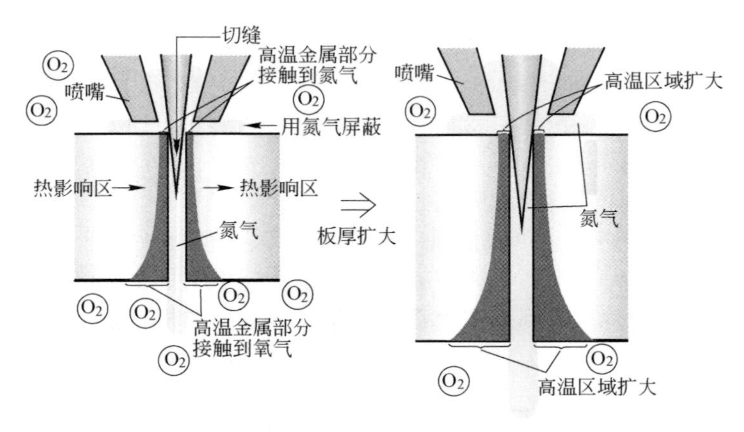

图 4-31　产生过烧

【解决方法】

如图 4-32 所示，要防止在背面产生烧痕，就需要尽量避免背面切缝附近温度的上升及其与空气的接触。

（1）缩小温度上升的范围。通过提高辅助气体压力的设定来加快熔融金属的排出速度，再把切割速度也设为高速条件，就可起到防止切缝周围的温度上升，并在激光经过后，切缝周围可迅速得到冷却的作用。

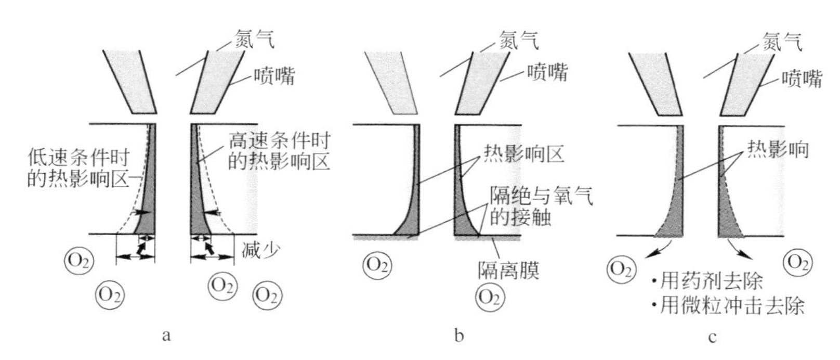

图 4-32 过烧的解决方法

a—减少温度上升的范围；b—防止与空气接触；c—除去氧化层（过烧）

（2）防止和空气的接触。要防止切缝周围接触到空气，可以通过在材料的表面涂抹隔离膜，来阻止材料表面与空气的直接接触。在切割前，先在被加工物的背面涂抹熔渣防止剂，而后再进行切割，就可达到阻止被加工物切缝周围的高温部分与空气相接触的目的。

（3）除去氧化层。市场上有售去除金属材料氧化层的药剂，酸性水溶液状的比较普遍，使用方便，效果也比较好。使用时须注意：一定要避免添加或混入会与酸发生分解反应或会分解释放出气体的物质。

此外还有利用喷砂加工的原理，向氧化层喷射石粒或橡胶材料等，达到研磨表面目的的方法。磨料要根据对材料表面粗糙度的要求进行选择。

4.12 直接切割贴膜不锈钢的方法

【现象】

有些不锈钢在表面贴有保护膜用以防止划痕。对于此类材料，以往的做法就是在切割前先把保护膜剥离，再进行切割，切割后再把保护膜贴上。然而当今市场上更多的是要求在贴膜的情况下将不锈钢一次性进行激光切割。贴膜不锈钢切割起来有时切割效果会很好，有时却会在切割过程中发生保护膜剥离的情况。

贴膜不锈钢中还有两面都贴膜的材料。用激光切割时，两面贴膜材料的背面是非常容易产生毛刺的。

【原因】

表面保护膜剥离的原因如图 4-33 所示，在切割中没进入切缝的辅助气体将向被加工物的表面扩散，侵入保护膜与材料表面间的间隙内，使保护膜发生剥离。剥离的主要原因有激光加工条件的原因和保护膜材料自身的原因（见图 4-34）。

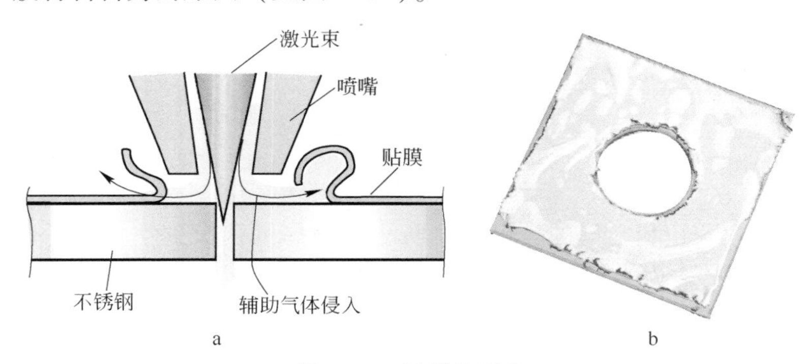

图 4-33　贴膜的剥离

a—辅助气体的流动；b—剥离情况

（1）加工条件原因。保护膜受激光照射，其边缘的熔融状态将会影响到剥离状况。保护膜边缘的熔融范围大时，黏合剂的黏结强度会因被加热而降低，从而为剥离创造突破口。

（2）保护膜材料原因。如果保护膜和金属材料的黏合性低，则加工中所产生的热能会使保护膜的收缩力起作用，使保护膜边缘剥离。辅助气体再以边缘处为突破口，从保护膜与材料间瞬时侵入，引起大面积的剥离。

【解决方法】

（1）加工条件原因。在切割保护膜时，要让切割边缘的激光光

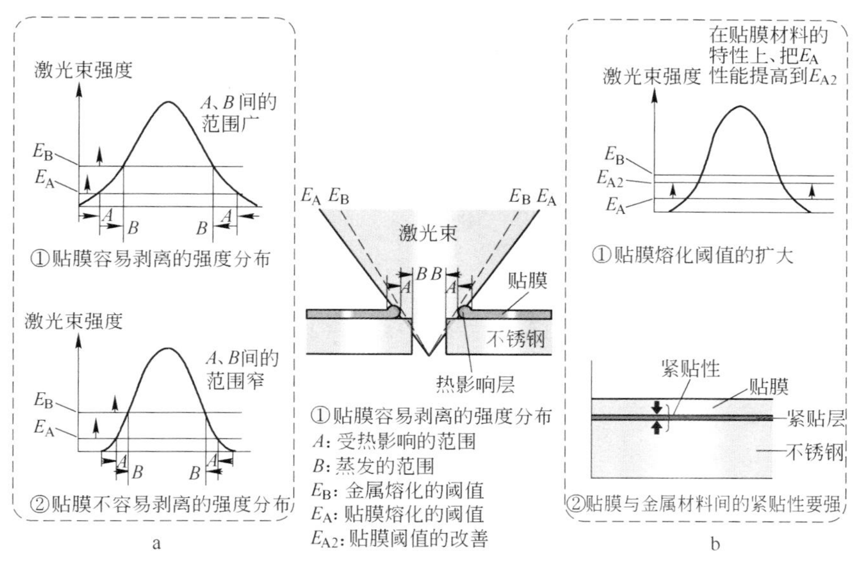

图 4-34 贴膜剥离的主要原因

a—加工条件原因；b—贴膜材料原因

束模式的强度成急势分布，并注意不要让激光出现紊乱。速度条件要设为高速条件，以减少激光对保护膜的热影响。另外，加工形状中的尖角或直径小的圆孔部分也很容易出现剥离，需要通过设置 R 等来对形状进行修改。

（2）保护膜原因。当前有些保护膜生产厂家也供应在黏合性、耐热性上得到了强化的激光切割专用保护膜产品，不过使用时需要事先对其性能进行确认。对于激光切割背面贴膜的研究，也是有了一定的进展。

4.13 减少1mm厚板材在加工中产生变形的方法

【现象】

在切割细长条形状的不锈钢时，会出现短轴宽度（用户询问示例是 50mm）在两端和中央部存在差异的现象。询问示例如图 4-35 所示，两端为 50mm，而中央部则是 49.7mm，相差 0.3mm。

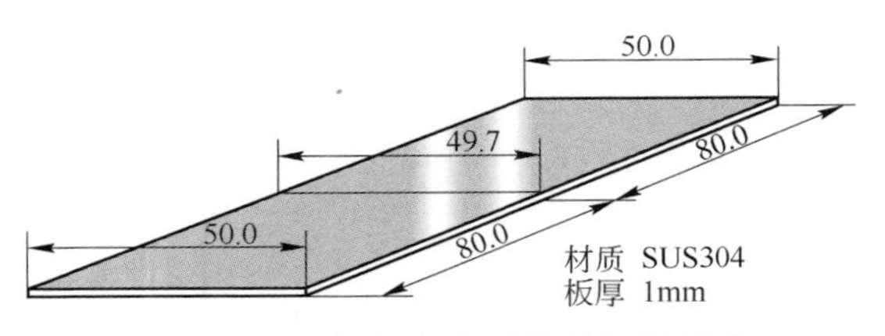

图 4-35　不锈钢短条形状的切割尺寸

【原因】

如图 4-36 所示，出现短轴宽度差异的主要原因是切缝部分熔融金属的热量使被加工物温度升高，切割将在材料的高温状态下进行。切割后温度降低，加工形状收缩就会导致上述误差。另外，加工形状在大约 0. 5mm 宽的切缝内发生偏移也是导致切割尺寸上出现误差的原因。

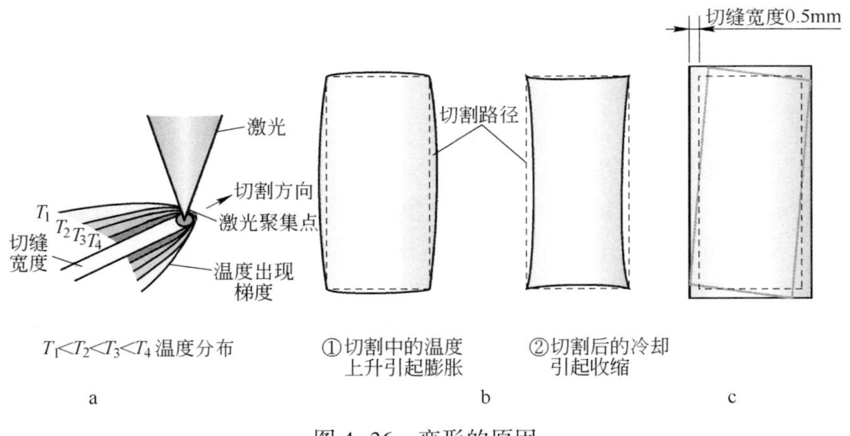

图 4-36　变形的原因

a—切缝周围的温度分布；b—膨胀和收缩；c—切缝宽度内的偏离

【解决方法】

加工形状在切缝内偏移时，可以通过在加工形状与加工形状外材料间设置微连接来解决。设置微连接的方法是，在切割的中途暂停，而后稍移加工轨迹再继续切割。设置微连接可强制性保持加工形状与加工形状外材料间的间距，起到防止变形的作用。

热膨胀材料在切割后所出现的冷收现象也表现在长边方向尺寸的变小。解决这个尺寸变化的方法是，把加工形状用 NC 程序按收缩比例进行补偿。NC 上有缩放功能，单轴方向或双轴方向的尺寸都可以按照任意倍率进行缩放。

另外，有时加工上对孔与基准位置间的间距精度要求很严。图 4-37 所示为对因热变形而导致的尺寸误差进行补偿的程序编制方法。把加工形状根据距基准位置的距离，分成多个（例如 A，B，C）部分，并将其子程序化。分别将各子程序套入距程序基准位置 X_0 的距离为 H_A、H_B、H_C 的位置处。根据尺寸误差对该 H_A、H_B、H_C 距离进行调整，这样热变形的补偿就会变得比较容易。

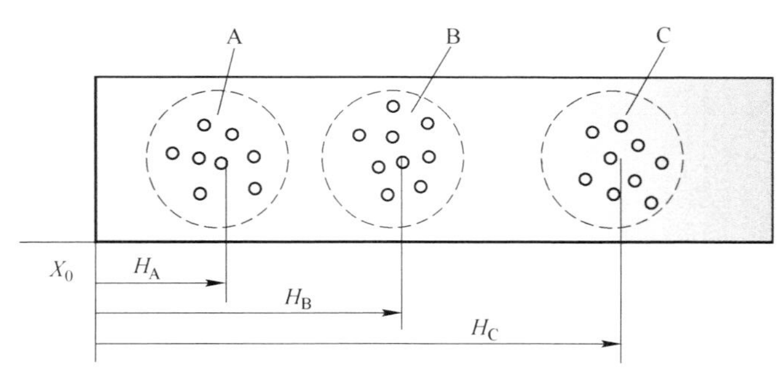

图 4-37 对热变形的补偿

在热轧碳钢材料的加工中，偶尔会出现不同加工位置处变形量不同的现象。这可能是因为钢材在轧制后的冷却中，材料两端没有得到充分冷却，残留应力比较高，应力在激光切割中被释放，从而产生变形。

4.14 选择适合于不锈钢无氧化切割的喷嘴

【现象】

无氧化切割厚板时，即使是很微小的条件变化也会导致质量变差、出现挂渣等。合适的喷嘴可在切割条件受到外部干扰时，起到将毛刺限制在最小程度的作用。

无氧化切割薄板时，高速切割很容易产生等离子体，影响切割面的粗糙度。解决方法也是通过选择合适的喷嘴来保持加工稳定的。

【原因】

（1）厚板切割。辅助气流在去除毛刺上起着重要的作用。离喷嘴的出口越远，辅助气体的气压就会变得越低。因而，被加工物越厚，则板的底面距喷嘴前端就会越远，吹散毛刺就会变得越发困难。如图 4-38 所示，能够维持住高压状态的气压潜在核与喷嘴直径是成正比的。在厚板切割中，要求高压保持到板材的底层，这就需要使用直径较大的喷嘴。

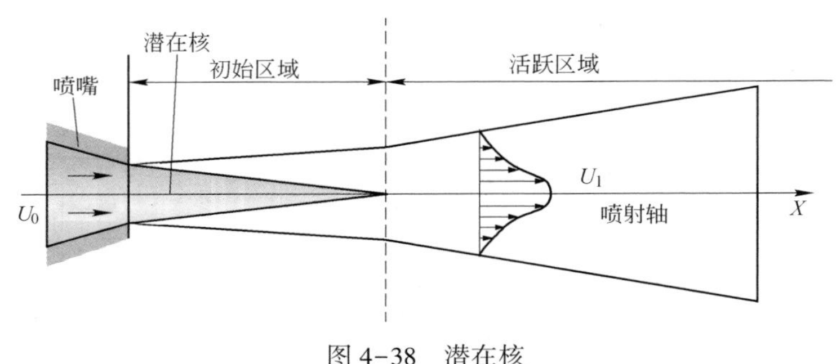

图 4-38　潜在核

（2）薄板切割。在薄板的高速切割中，熔融金属温度的急剧上升会引发等离子体的产生。如图 4-39 所示，当喷嘴与被加工物之间存在足够使等离子体成长的空间时，将对加工质量产生影响。

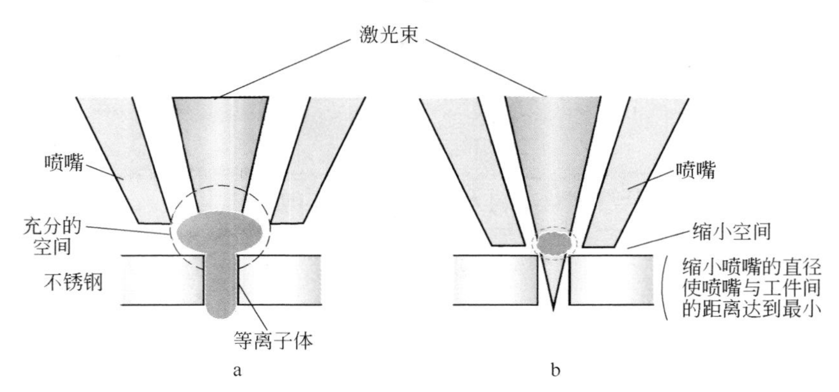

图 4-39　高速切割薄板时产生等离子体

a—等离子体的成长；b—抑制等离子体的生成

【解决方法】

（1）厚板切割。切割厚板时，如使用最适合于加工的大直径喷嘴并将气压设为高压，则气体的消耗量将会很大。如图 4-40 所示，从喷嘴喷出的辅助气体实际喷入到切缝内参与加工的比例是很小的，大部分都散失在材料的表面。

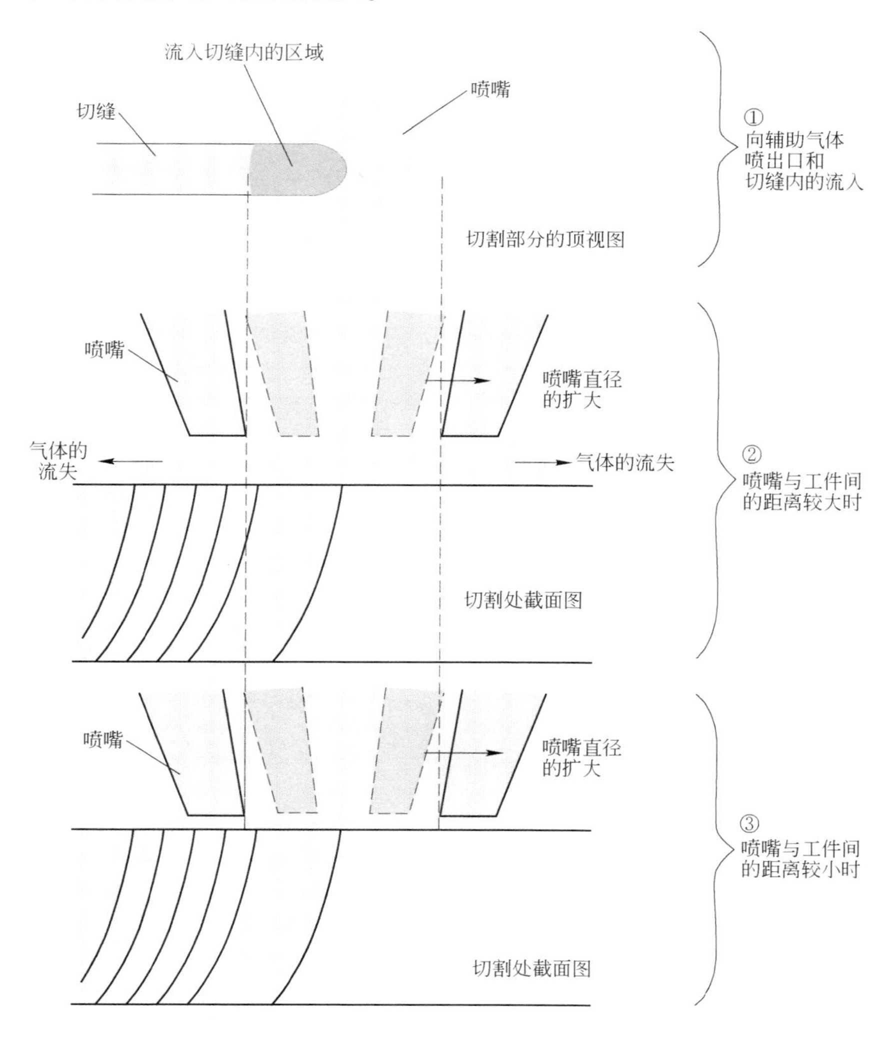

图 4-40 切割厚板时的气体流动

如果把喷嘴与材料间的间距减小，则其效果就如给喷嘴盖上个盖子。在与实际加工相近的状态下，分别测量喷嘴下有加工材料和开放（喷嘴下什么也不放）时的气体流量，结果是有加工材料时的气体流量减少 20%～30%。

（2）薄板切割。为防止在喷嘴与工件间产生等离子体，须使用小直径的喷嘴，并尽量缩小喷嘴与材料间的距离（见图 4-39）。速度设定为 10 m/min以上时，需要特别注意这个间距。

第5章

铝合金材料的切割

铝合金对激光的反射率极高，切割铝合金时须在采取防反射措施的加工机上进行。充分理解激光在加工材料表面产生的反射及加工材料内部热能的流向所引发的现象，有助于提高加工性能，实现更高质量的切割。

5.1　铝合金的光纤激光与 CO_2 激光的切割性能比较

【现象】

A　切割速度

图 5－1 是功率 2.5kW 的光纤激光与 CO_2 激光切割铝合金（A5052）时，板厚和切割速度的关系。铝合金的切割使用氮气。板材越薄，则速度差越大。根据图中数据，切割 1mm 厚的板材时，CO_2 激光的切割速度是 4.5m/min，光纤激光的切割速度是 27mm/min。板厚增大，则速度差急剧缩小。

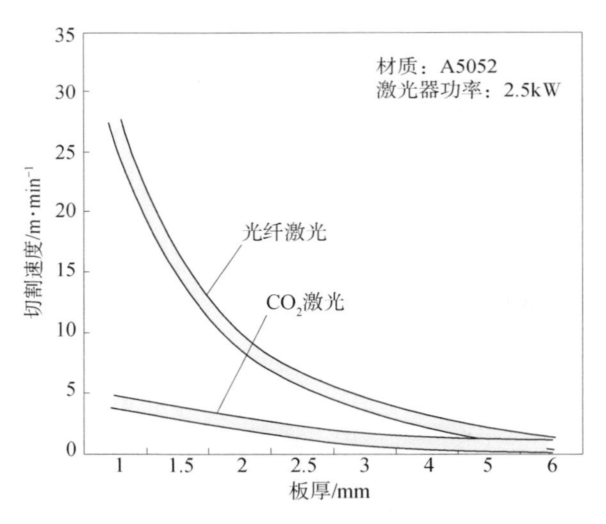

图 5-1　铝合金切割的能力比较

主要加工条件如下：

（1）CO_2 激光。

功率：2.5kW；加工透镜焦点距离：5 英寸；辅助气体种类：氮气；辅助气体压力：0.8～1.2MPa。

（2）光纤激光。

功率：2.5kW；加工透镜焦点距离：4 英寸；辅助气体种类：氮气；辅助气体压力：0.6～1.2MPa。

B 切断面品质

切断面粗糙度的不同与不锈钢切断同样，光纤激光的切断面比 CO_2 激光切断面差。随着被加工物的板厚增大，差异也变大。

背面产生的毛刺状态，光纤激光切割与 CO_2 激光切割没有差异。毛刺的发生量随着板厚增大，容易受到辅助气体压力、调整焦点位置而变化的切割缝宽的影响。

【原理】

铝合金切割的原理如图 5-2 所示。

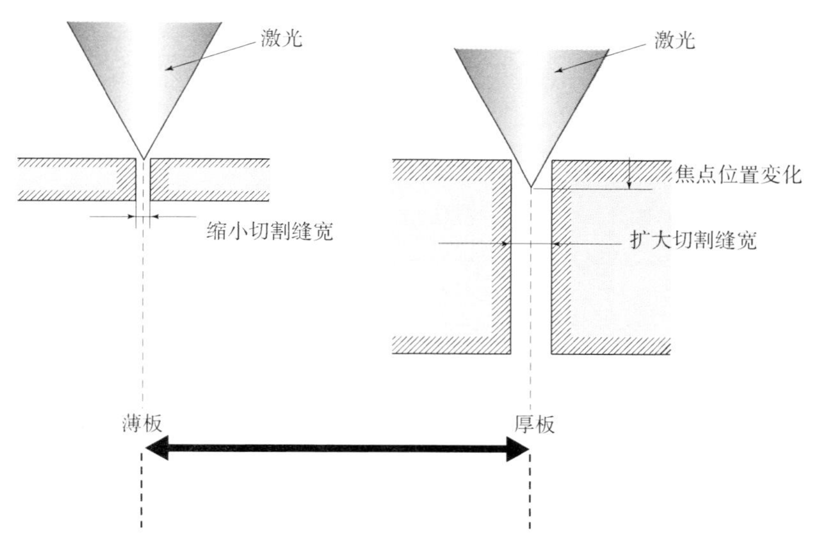

图 5-2 厚板切割的加工作用

由于薄板切割的毛刺少，所以进行熔融能力优先的条件设定。聚焦光点设定在被加工物的表面（$Z=0$），表面的激光能量密度最高。因此，聚光特性高（光束聚焦点小）的光纤激光有利于切割。

但是，厚板切割时，为了防止产生毛刺，需要调整焦点位置，扩大切割缝宽、确保辅助气体排出熔融金属的压力。因此，加工部的能量密度低下，光纤激光和 CO_2 激光的切割速度差变小。

5.2 解决喷嘴与铝合金的“须状物”相接触的方法

【现象】

穿孔时，熔融的铝合金会在小孔的周围呈纤维状延伸。这种纤维状铝合金熔融物称作“须状物”。如图 5-3 所示，当喷嘴碰到这些“须状物”时，加工机会停止工作。

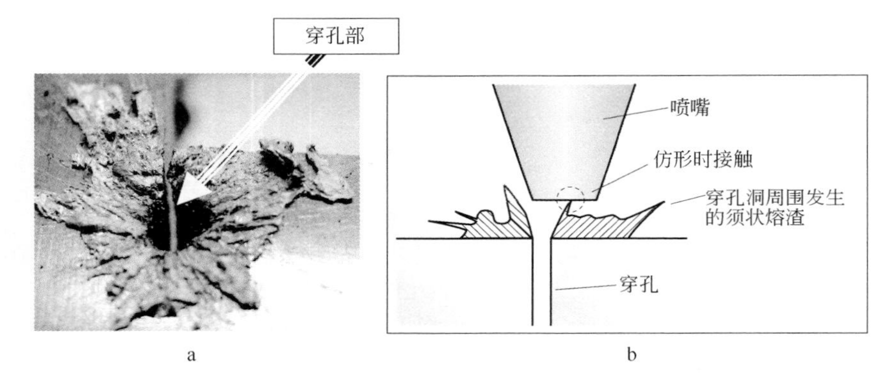

图 5-3 须状熔渣导致的加工不良

a—板厚 12mm A5052；b—喷嘴与须状熔渣的接触

【原因】

一般情况下，喷嘴与工件间的间隔是通过传感器对该空间的静电容量进行测量并加以控制的，焦点位置会维持在正确的设定上。但当喷嘴接触到穿孔中所产生的“须状熔融物”时，传感器会误以为是喷嘴与工件发生了接触，而使激光加工机停止。

【解决方法】

解决方法如图 5-4 所示。

（1）“须状物”是随着激光的照射而逐渐增加的，穿孔加工时间越长，“须状物”就会越大。此时应尽量加大输出功率，缩短照射时间（穿孔时间）。需要注意的是，输出功率越大，小孔的直径也会越大，飞溅到小孔表面的熔融金属也会越多。

（2）“须状物”的高度通常为 1～2mm。将穿孔时及从穿孔后起切的一定距离时（穿孔线）的喷嘴位置设置在“须状物”高度之上，

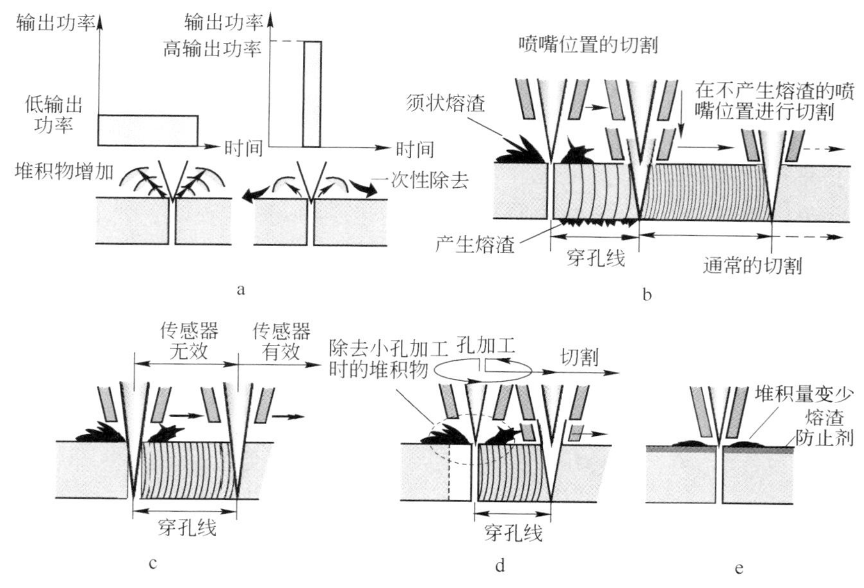

图 5-4 铝材须状熔渣的解决方法

a—短时间穿孔；b—穿孔线的特别条件；c—静电容量检测的无效功能；
d—穿孔洞周围的切割；e—涂抹熔渣防止剂

也可有效避免喷嘴与“须状物”的接触。不过，此时穿孔线的底部会出现挂渣。

（3）将穿孔后开始切割的一定范围内的静电容量传感器设为无效，也是有效的解决方法之一。此方法需要使用加工机 NC 装置上的功能，因此应事先确认所用加工机是否具备该功能。但在使用该功能时要谨慎操作，否则很容易发生喷嘴的碰撞。

（4）当“须状物”所产生的范围较大时，切割中也会发生喷嘴与“须状物”的接触。此时可以采取将穿孔后小孔周围的“须状物”进行切除的方法来防止接触。具体做法是，在静电传感器为无效的状态下，切割出一个以穿孔洞为圆心、直径 3mm 左右的圆孔，这样就可以将“须状物”也一同切掉。不过，这种方法将会耗费多余的圆孔加工时间和切割成本。圆孔的直径是根据熔融金属飞溅的范围确定的。

5.3　防止厚板拐角处产生逆喷的方法

【现象】

使用氮气或空气作为辅助气体切割铝合金或不锈钢时，如加工形状中存在锐角，则加工将变得比较困难。如图 5-5 所示，在拐角尖端切割之后熔融金属会马上涌上到工件的表面，从而出现切缝难以形成、材料不可分开的情况。板材越厚，这样的情况就越容易发生。

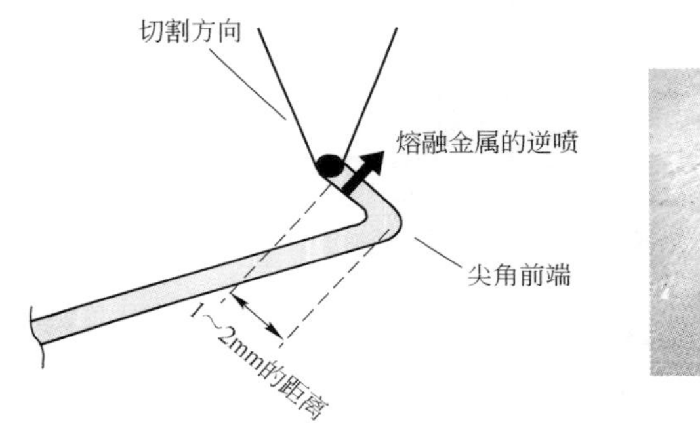

A5052

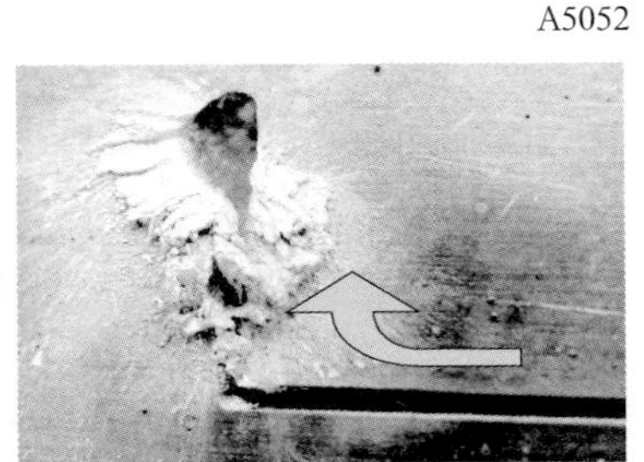

12mm厚板材的90°切割

图 5-5　尖角部的逆喷

【原因】

等离子体是指材料在激光的照射下被局部加热，因加热而释放出的高温蒸气在材料表面呈现出的等离子体状态。如图 5-6 所示，所产生的等离子体是会吸收激光的。等离子体一旦产生，通过激光束在切缝内的多重反射来实现的加工机制就会遭到破坏，使切缝难以形成，结果就会出现熔融金属向上逆喷的现象。不过等离子体连续产生时的巨大蒸发压力也是利于切割的（请参阅另章的《等离子切割面切割》）。加工尖角时，在激光经过拐角尖端部加工方向转变的瞬间，熔融金属在切缝内的流动及加工气流都会出现紊乱，被加工物将局部处于高温，并产生等离子体。拐角的角度越小，这种现象就越容易发生。

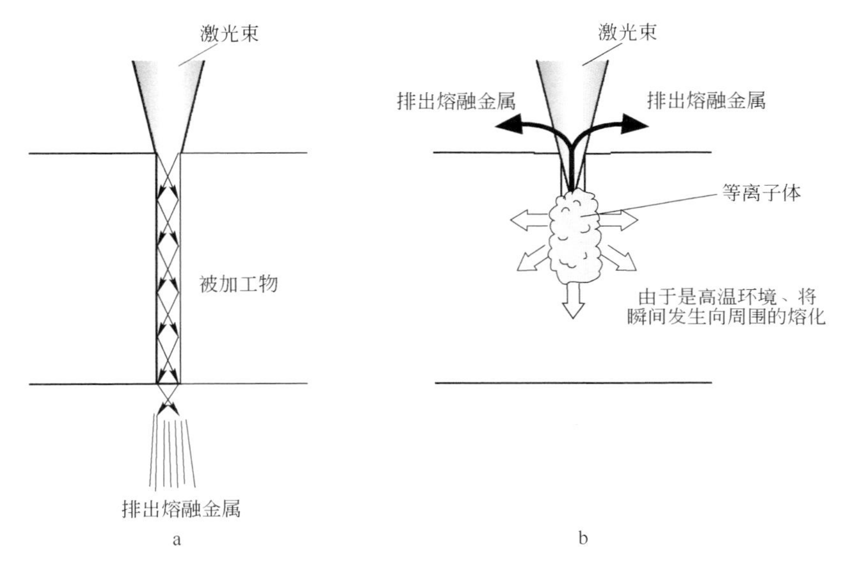

图 5-6 产生熔融金属的原理

a—利用多重反射进行的加工；b—利用等离子体进行的加工

【解决方法】

（1）如图 5-7 所示，先用高速度条件加工到拐角的尖端处，再把之后要改变方向加工的位置处设为低速度条件进行加工。低速度条件要使用可以使拐角部熔融金属的流动及气流保持稳定的脉冲切割条件。之后再返回到高速度条件。

在从低速条件向高速条件的切换中，为了防止在切换处切割面上产生切割缺陷，一般是采取先让激光返回到已用低速条件切过的位置后，再切换成高速条件进行再加工的方法。

另外，切割速度的急剧变化也会使熔融金属的流动或辅助气流变得不稳定，引发等离子体。加工方向转变过来之后的切割速度应该是一个渐进提高的过程。

（2）改变加工路径也可以改善加工的稳定性。通过在拐角的尖端部设置拐角 R 来改变加工轨迹，也可以使被激光熔融的金属从切缝上部向下部顺利流动，从而抑制等离子体的产生。

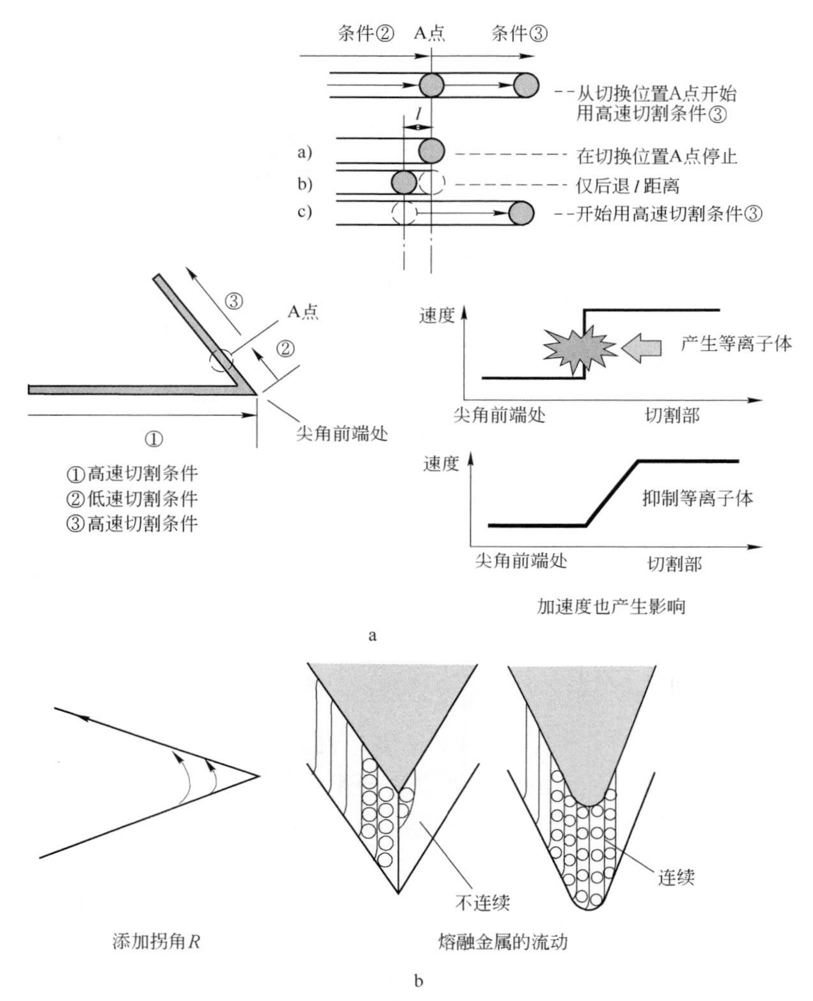

图 5-7 尖角处逆喷的解决方法

a—切换条件；b—修改切割轨迹

5.4 解决铝合金刻线不稳定的方法

【现象】

铝合金等高反射材料上的刻线是极易引起激光反射的，特别是在连续加工时，更要注意安全。一般情况下，用 CO_2 激光加工机进行刻线加工，很容易出现刻线呈斑点状或完全刻不上的现象（见图 5-8）。如果加大输出功率，刻线则会变粗。

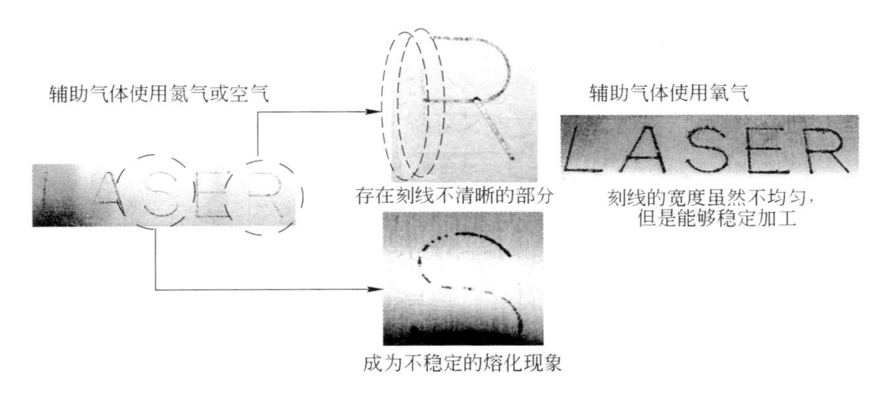

图 5-8 A5052 刻线不良的现象

【原因】

刻线的加工原理就是用激光束使加工材料表层的一部分产生熔融。这种加工用途仅要求吸收极少的激光，对于铝合金等高反射材料，刻线加工就变得非常困难。如果在材料表面没有熔融的状态下增加激光的输出功率，则极易成为完全反射状态，安全上也存在着隐患。另外，铝合金的热传导率很大，虽然加工上需要较大的功率，但在大功率条件下，材料一旦开始吸收激光，熔融就会急剧扩展，刻线会变粗，刻线的表面质量也会变差。

【解决方法】

利用以下方法就可使加工达到在高反射材料的表面产生稍许熔融的效果（见图 5-9）。

（1）增加能量密度。在加工透镜焦距规格上，采用焦距更短的透镜。透镜的焦点越短，聚焦点的直径就越小，小输出功率的对材料可熔融能力就会越高。设置高峰值功率与矩形波形的脉冲条件来提高每一脉冲能量的方法，可有效提高单位时间的能量密度。

（2）提高激光吸收率。在材料表面涂抹光束吸收剂可有效提高

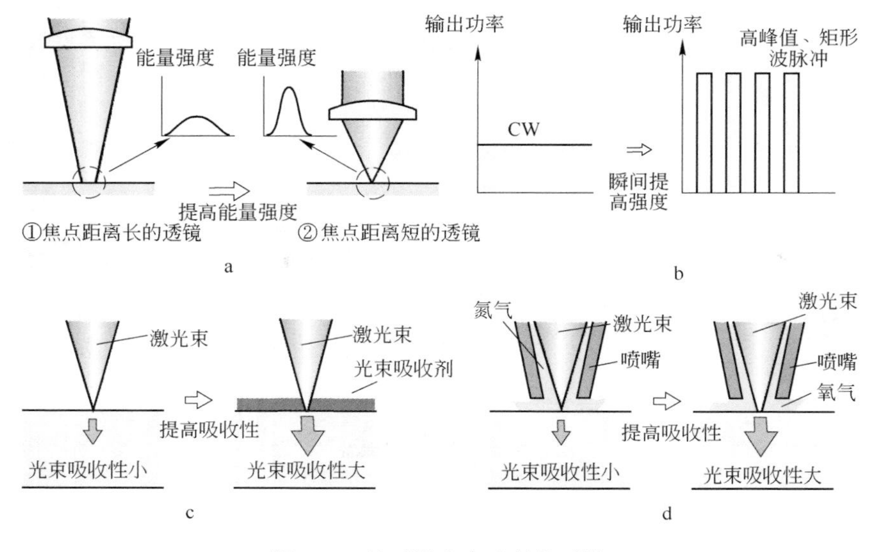

图 5-9　针对激光束反射的对策

a—采用短焦点透镜；b—采用脉冲条件；
c—涂抹光束吸收剂；d—辅助气体使用氧气

被加工物表面的激光吸收率，但使用该方法时会增添加工后去除光束吸收剂的工序负担。一般刻线加工中使用的是氮气，加工部在被氧化时对激光的吸收率会有所提高，因此辅助气体改用氧气也不失为提高吸收率的有效方法。另外，铝合金材料表面的粗糙度和种类也会影响激光的吸收率。材料表面越粗糙、合金成分越高，就越容易吸收激光。

（3）使用光纤激光。与 CO_2 激光相比，光纤激光的波长较短，而在铝材表面形成反射的反射率极低，刻线时即使采用低功率，也可达到刻线目的。图 5-10 中显示了铝材（A1100）上刻线（线宽 0.17mm）的样品。

以上介绍了几种对铝合金进行刻线的方法，但铝合金材料上的刻线在宽度、表面光滑度上都将不及其他材料。

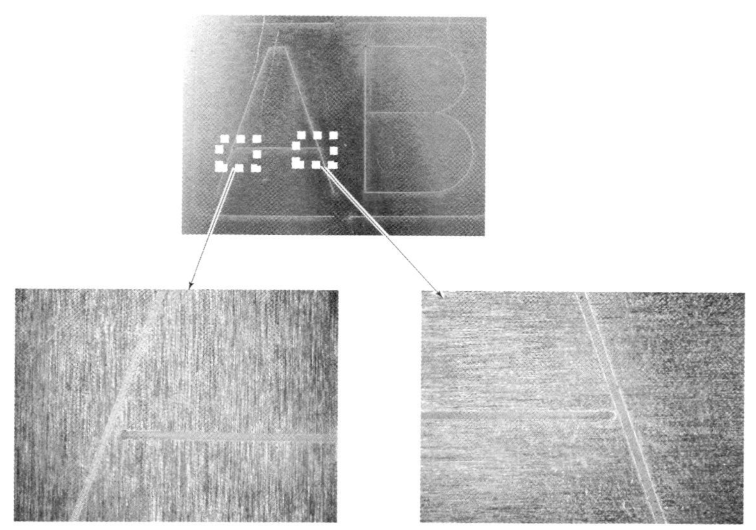

激光：光纤激光、功率：120W、速度：5m/min、刻线宽度：0.17mm

图 5-10 铝合金（A1100）刻线

5.5 解决铝合金穿孔不稳定的方法

【现象】

对金属材料进行激光加工时，固态下的金属对激光的反射率都是很高的，但一旦开始熔融，反射率就会降低，激光会被迅速吸收而使切割得以顺利进行。铝合金对激光的反射率高于一般的金属，在加工中需要比碳钢、不锈钢等更高的输出功率，特别是在穿孔加工中，会更容易表现得不稳定。要得到良好的加工质量，板材越薄，就越需要将功率条件设置为低输出功率，加工会因此而变得不稳定（见图5-11）。

【原因】

铝合金和其他金属相比，对激光的反射率更高，热传导率也更大，加工起来比较困难。设置高反射材料的穿孔用焦点位置时，主要是从能获得最大能量密度的角度出发，一般就把焦点设置在被加工物的表面（$Z=\pm0$）。穿孔不成功的主要原因就在于焦点位置偏离了最佳值，又可分为被加工物原因和激光加工机原因。

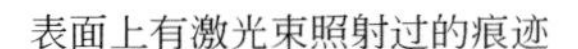

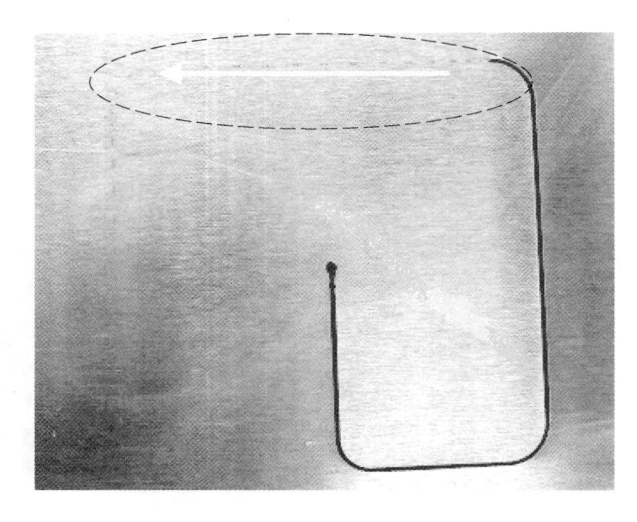

图 5-11　切割铝材时的反射

【解决方法】

（1）被加工物原因（见图 5-12）。在铝合金中，A1100 等材料的反射率尤为突出。为了降低材料对激光的反射，可以采取在材料表面涂抹光束吸收剂的方法。在采购光束吸收剂时，应选择熔渣防止剂或激光加工用的光束吸收剂。

穿孔不透的现象在加工板材厚度不足 1mm 的薄板时也时有发生，而且板材越薄就越容易发生。在激光照射部发生的局部且瞬间的热变形，或因辅助气体压力而造成的材料凹陷，都会使焦点位置发生偏离，此时就要加强对材料的紧固。

（2）加工机原因。解决焦点位置偏离最佳值的问题，最简单的方法就是，将加工参数设定为能量密度高的高输出功率及单位时间内能量密度高的高峰值矩形波脉冲条件（见图 5-13）。

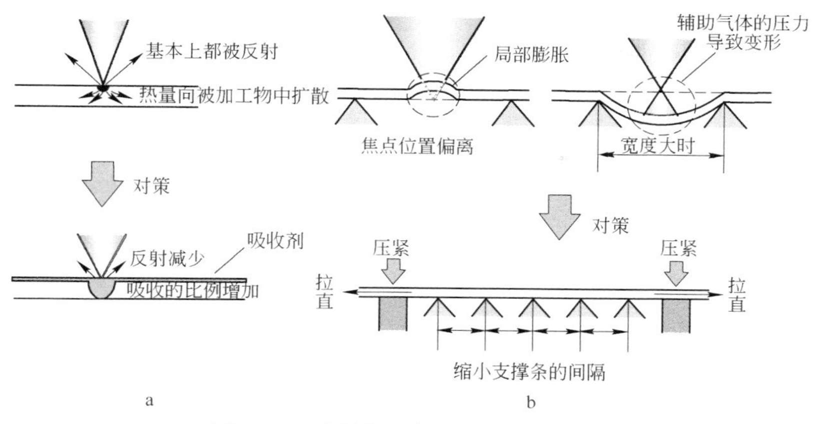

图 5-12 为被加工物端原因时的对策

a—涂抹光束吸收剂；b—改善对被加工物的固定方法

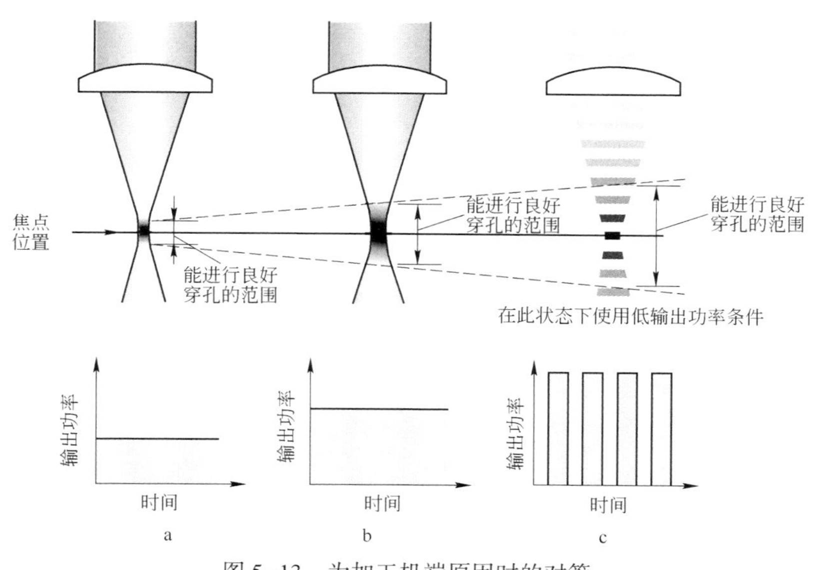

图 5-13 为加工机端原因时的对策

a—普通设定；b—设定为高输出功率；c—设定为脉冲条件

发生了热透镜效应时，也会使加工中的焦点位置发生偏离。解决方法就是清洗光学元件，如仍不能恢复时，则须更换新元件。

第6章

铜材料的切割

铜比铝合金更容易产生激光的反射，切割难度较大。本章内容有助于对有关因加工材料表面的激光反射及加工材料内部的热能流向所引起的各种现象加深理解。用于铜材料切割的独特加工方法，可提高切割时的加工性能。在防反射光措施上的注意事项与其他材料也有所不同。

(参看插件 6.0-0)

6.1 铜的光纤激光和 CO_2 激光切割性能比较

【现象】

A 切割速度

图 6-1 是功率 2.5kW 的光纤激光和 CO_2 激光切断铜（C1100）的板厚与切割速度的关系。切割铜如果使用氮气，则在加工中容易产生反射光，因此使用氧气。板材越薄，则速度差越大。根据图中的数据、板厚 1mm 的切割，CO_2 激光的切割速度是 1m/min，光纤激光的切割速度是 12m/min。板厚越大，则速度差急剧减小。CO_2 激光很难切割板厚超过 3mm，光纤激光则可以切割 6mm。

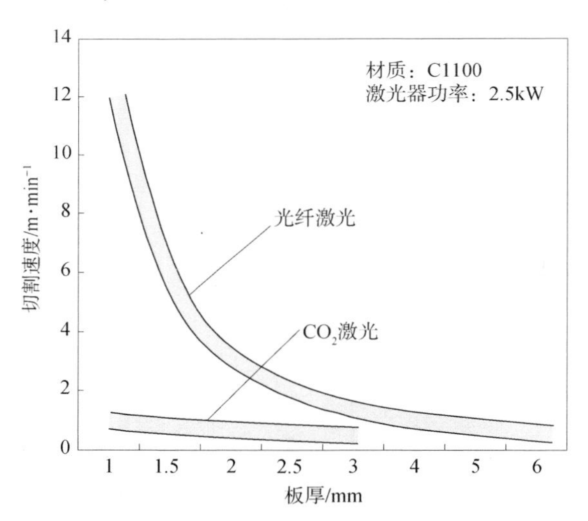

图 6-1 铜切断的光纤激光和 CO_2 激光的能力比较

主要的加工条件如下。

（1）CO_2 激光。

功率：2.5kW；加工透镜焦点距离：5 英寸；辅助气体种类：氧气；辅助气体压力：0.3~0.5MPa。

（2）光纤激光。

功率：2.5kW；加工透镜焦点距离：4 英寸；辅助气体种类：氧气；辅助气体压力：0.3~0.5MPa。

B 切断品质

图 6-2 所示为光纤激光切割板厚 6mm 的切断面、上部及下部的切断缝。与其他材料的切割品质不同，切断面的第一条痕和第二条痕的差异不明显。切断面粗糙度 R_{max} 是从上部到下部 20~30μm 的范围，该差变小。上部切割缝宽 0.45mm，下部切割缝宽为 0.22mm。CO_2 激光以功率 2.5kW 难以切割板厚 6mm 的铜，功率 4kW 切割板厚 6mm 时，切割缝宽变大，切割面粗糙度大致相同。

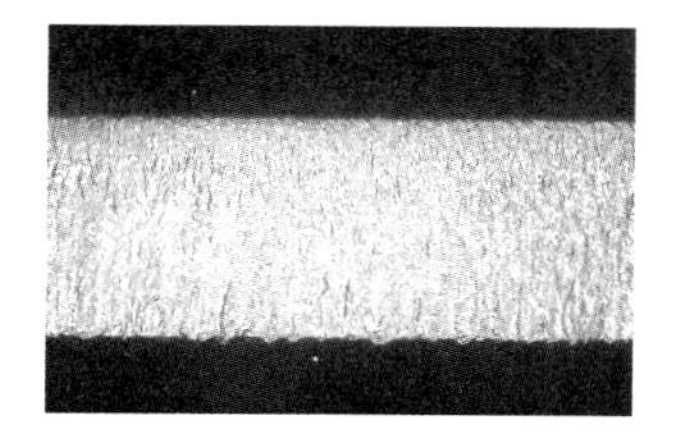

a 切割面放大照片

	上部	下部
断面照片		
缝宽	0.45mm	0.22mm

c 切割缝宽

面粗度(R_{max})/μm		
上部	中央部	下部
20.6μm	27.4μm	29.8μm

b 切割面粗度

材质板厚：铜（C1100·6mm）
激光：光纤激光
功率：2500W
速度：3m/min

图 6-2 铜的切割面粗度和切断缝宽

【原理】

铜的切割速度低于不锈钢或碳钢的原因如图 6-3 所示，激光的高反射率和大热传导率导致熔融金属的温度低下。金属的反射率从熔融开始就会急速低下，因此需要在激光照射铜的初期阶段就瞬间融化被加工物。由于这个原因，比 CO_2 激光波长短且反射率低的光纤激光的切断能力变高。加工透镜焦点距离对缩小光点直径、增大能量密度的短焦点透镜有效。

铜的切割面的第一条痕和第二条痕的差异不明显的原因是在切割缝上部，激光熔化被加工物的熔融金属的热量被急速夺走。热量传导速度称为热传导率。具体是指物质的两面有 1℃ 的温度差时，每 $1m^2$

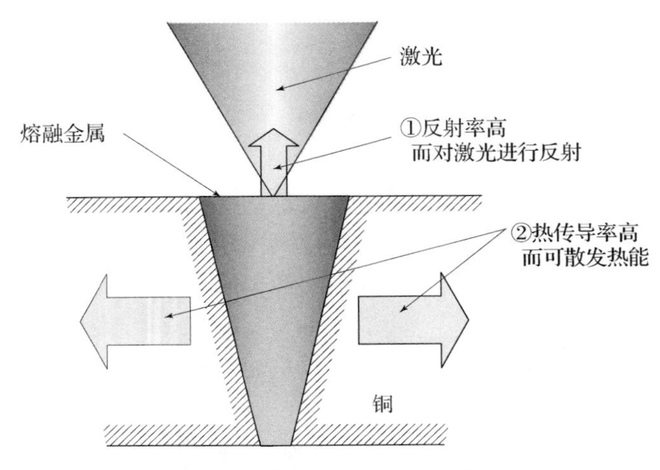

图 6-3　铜切割能力低下的机制

在 1h 传导的热量。热传导率的值越大，移动的热量就越大，热量就越容易传导。表 6-1 列出各种材料的热传导率，铜是表中第二大的数值。

表 6-1　各种金属的热传导率　　[W/(m·k)]

金属	银	铜	金	铝	黄铜	铁	不锈钢
热传导率	420	398	320	236	106	84	16.7~20.9

6.2　铜的加工条件与切割上的问题及其对策

【现象】

在铜的薄板切割中（见图 6-4），其在加工中产生的热变形量比其他材料更大。特别是在余边很窄时，上下方向的热变形量都很大，从而妨碍喷嘴的仿形动作，影响连续性加工。切下来后掉落到废料箱的零件或碎片，也会对激光产生反射。如图 6-5 所示，掉落下来的材料对反射光的反射角度具有任意性，须充分加以注意。

【原因】

由于铜对激光的反射率很高，热传导率也很大，激光熔融所产生

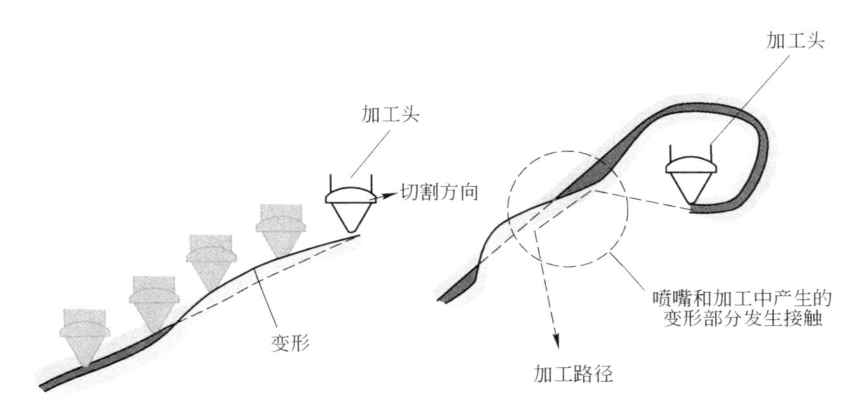

图 6-4 切割中对变形处仿形时的例子

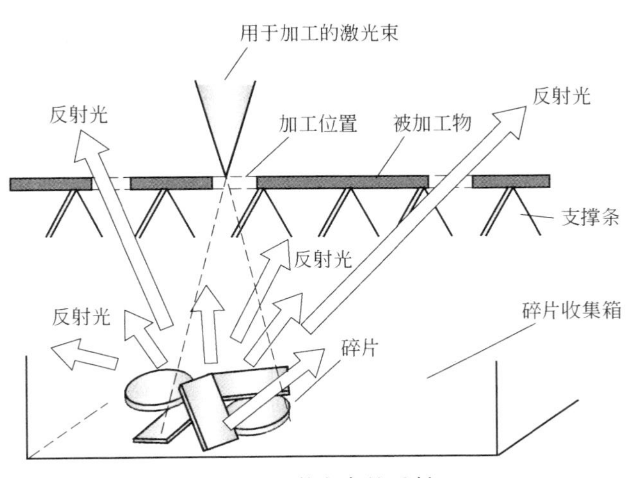

图 6-5 激光束的反射

的热能很容易散失到母材中。与其他材料相比，铜的切割需要更大的输出功率。另外，铜材料在切割中会产生很大的热变形，导致焦点位置偏离并因此而造成加工缺陷。

【对策】

图 6-6 显示的是将加工中各工序进行分解后的示意图及其注意事项。

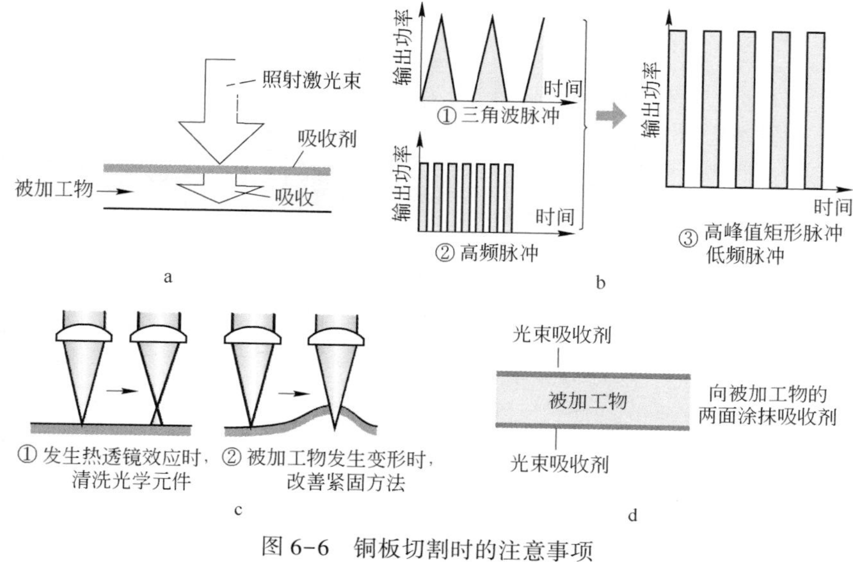

图 6-6　铜板切割时的注意事项

a—涂抹吸收剂；b—穿孔条件；c—防止切割质量恶化的方法；d—防止碎片产生的反射

（1）铜切割的基本方法是在被加工物表面涂抹光束吸收剂，以降低反射率。与其他材料相比，切割铜时将需要更大的能量。

（2）考虑到在穿孔加工时被加工物会在激光照射的同时急速发生变形，要得到良好的加工，就需要将加工条件设置为即使焦点位置发生偏离也足以进行熔融的大能量条件。设为高峰值输出功率、矩形脉冲波形、低频率的条件时，就可增加每一脉冲中用于加工的能量。

（3）如果切割质量是由好而逐渐变差，可以考虑是因为焦点位置在激光的照射中发生了变化。该焦点位置的变化主要是由于光学元件变脏引起了热透镜效应或被加工物发生了热变形而产生的。

解决热透镜效应的方法是清洗光学元件，如仍不能恢复，则应进行更换；解决热变形的方法是设置微连接或使用工件夹具来抑制热变形。

（4）在材料的两面都涂抹激光吸收剂，可有效防止掉落在废料箱内的材料对激光的反射。

6.3　解决铜切割中不能进行穿孔的方法

【现象】

一般情况下，固态下的金属对激光的反射率都是很高的，但一旦开始熔融，反射率就会降低，激光会被迅速吸收而使切割得以顺利进行。铜比其他金属的反射率高，与碳钢、不锈钢等材料相比，切割难度相当大，尤其是还存在板材越薄穿孔越困难的问题。

【原因】

与其他金属相比，铜对激光的反射率更高，热传导率也更大，从而极大地增加了加工的难度。设置高反射材料的穿孔用焦点位置时，一般是从要得到最大能量密度的角度出发，把焦点设置在被加工物的表面（$Z=\pm0$）。穿孔不成功的原因主要是焦点位置偏离了最佳值，造成偏离的原因又可分为被加工物原因和激光加工机原因（见图6-7、图6-8）。

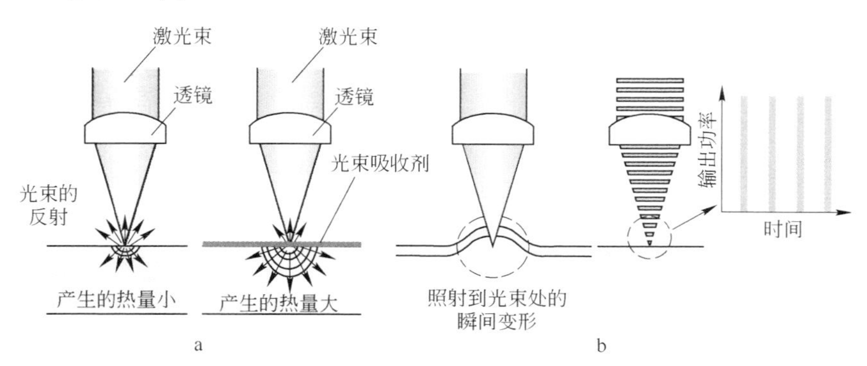

图6-7　被加工物端的原因与对策

a—涂抹光束吸收剂；b—高能量密度的条件

【对策】

（1）被加工物原因。要降低被加工物表面对激光的反射率，最基本的作法是在被加工物的表面涂抹光束吸收剂。光束吸收剂可使用普通焊接用的熔渣防止剂或激光加工用的光束吸收剂，涂抹时要注意涂抹均匀。

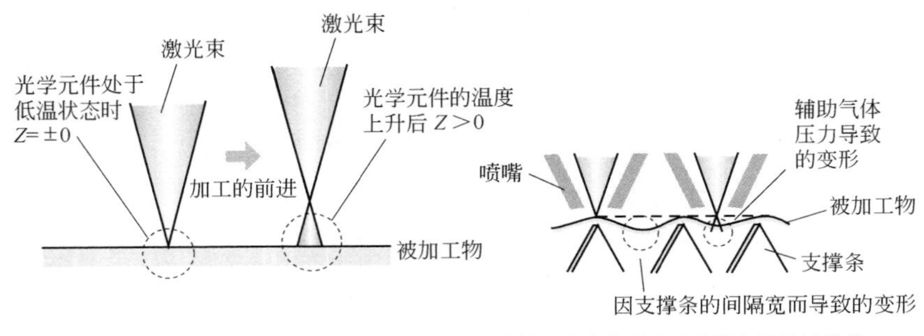

图 6-8 激光加工机端的原因与对策

a—因热透镜效应而致的焦点位置偏离；b—因材料的变形而导致的焦点位置的偏离

材料在激光的照射下而产生的局部性瞬间热变形，有时会导致焦点位置偏离最佳值。应将条件设置为高峰值功率、矩形波脉冲、低频率的高能量密度加工条件，以便使穿孔能在发生热变形之前迅速完成。

（2）激光加工机原因。因光学元件的污渍而引起的热透镜效应会导致加工过程中焦点位置发生偏离。解决方法是清洗光学元件，如仍不能恢复，则应进行更换。无法穿孔的现象在板厚小于 1mm 的薄铜材料上也会发生，或者说是更容易发生。支撑被加工物的锯齿状板条或圆锥状支柱的间隔过宽时，辅助气体的压力会使材料发生塌陷，此时就须检查被加工物的支撑方法、紧固方法等，并对加工条件进行调整，以使能量密度达到最高。

6.4 铜的微细加工

【现象】

对激光的反射率高的铜，用低功率进行微细的切割、刻线比较困难：微细的切割是在加工中发生反射，导致切割中断，因热影响引起的溶落或变形比较大。刻线时不能控制刻线的尺寸，加工中发生反射，刻线中断。

【原因】

应设定低功率条件的微细加工。为了缩小材料的熔融范围，以最低限的能量进行照射。因此，对材料的熔融界限能量强度阈值，光纤激光和 CO_2 激光有很大的不同。用阈值以下时，引起反射；用阈值以上的能量强度时，进行熔融。激光的波长和反射率的关系决定了阈值大小，阈值越大，对材料的入热就越大。

【对策】

铜的反射率是 CO_2 激光和光纤激光相比，光纤激光以较低的功率就可以加工，因此比较容易进行微细加工。图 6-9 为板厚 0.5mm 的纯铜切断样品。用 CO_2 激光切割铜时，需要在材料表面进行促进吸收激光的黑化处理；而光纤激光不需要黑化处理，就可以加工直径 1mm 的孔或微细的尖角。

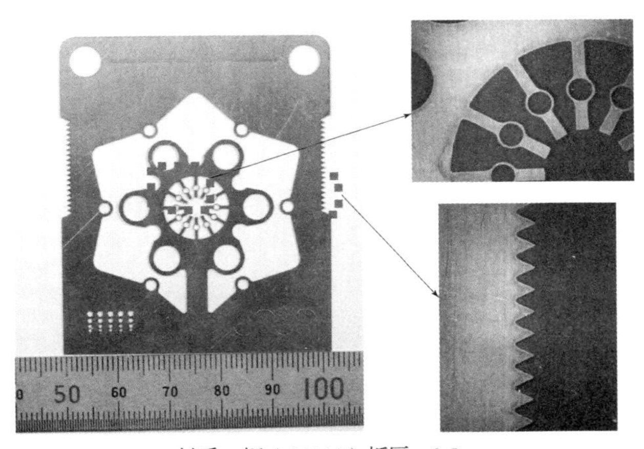

材质：铜（C1100）板厚：0.5mm

图 6-9　铜的微细切割

关于更加难加工的刻线，CO_2 激光无法完成。此时可用反射率小的光纤激光进行加工，如图 6-10 所示。铜的表面深度熔融 0.2mm 程度，然后熔融金属呈粒状凝固的状态。虽然此凝固金属表面的粗糙无法避免，但是用激光加工机就可以对铜进行切割或刻线加工。为了尽可能地抑制激光的反射，辅助气体使用氧气对熔融部进行氧化很重要。

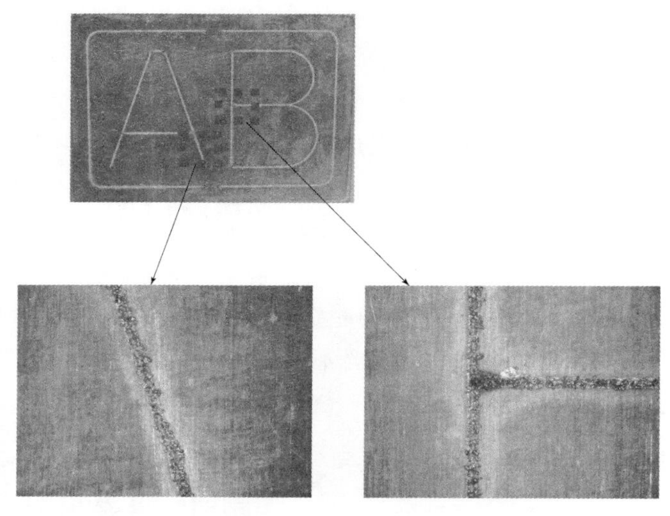

激光：光纤激光；功率：400W；速度：5m/min

图 6-10 在铜（C1100）上刻线

第7章

高强度钢/碳钢材料的切割

本章中所列举的各种事例，是部分需要扩大加工领域的客户询问得比较多的，在一般的激光切割中并不多见。在影响切割质量的诸多因素中，加工机因素所产生的影响与其他材料基本相同。本章主要论述有关加工质量上的切割面的硬化现象。应充分理解解材料的加工特性，力求更高的加工质量。

7.1　解决切割 3.2mm 厚高强度钢时出现挂渣的方法

【现象】

高强度钢材料主要是用于要求高强度小厚度的轻量化零配件领域，特别是在汽车零配件领域中应用广泛。当今用激光切割高强度钢材料的需求与日俱增。加工中容易出现的问题，是在连续经过 3～4 个小时的加工后，加工质量会开始变差。以下就以加工状况在加工条件为最优时发生变化为前提，来探讨其发生原因及解决方法。

【原因】

加工中之所以会出现挂渣，主要是因为熔融金属不能从切缝内顺畅排出所致。其主要原因有：激光的能量分布、辅助气流随着时间的推移而发生了变化，材料温度的变化影响了熔融金属的黏度，或是切缝宽度的变化使熔融金属的温度或向外排出的动量条件超出了最佳值范围。

【解决方法】

如图 7-1 所示，解决方法是根据熔渣的产生情况或穿孔时熔融金属的飞溅情况来确定原因并加以解决。

（1）熔渣有方向性时。

1）比较质量下降部分和没有下降部分的切缝宽度。如果切缝宽度不同，说明是加工透镜或 PR 镜的污渍引起了热透镜效应，光束模式发生了变化。技巧上，可以通过将比较切缝宽度用的狭缝加工程序嵌套于排版加工程序中来方便比较。

2）查看穿孔时孔眼周围熔渣的飞溅方向。如果不是均匀飞溅在孔眼的周围，说明是激光束的中心偏离了喷嘴的中心。此时需要弄清激光束发生偏离的原因。

（2）所有方向都有熔渣时。

1）在加工一段时间后透镜已被加热状态下加工的质量，如果与加工刚开始透镜还没有被加热状态下加工的质量存在着差距，就说明发生了光学元件的热透镜效应。

2）如果辅助气体使用的是高压气罐，则偶尔会出现因氧气纯度的不同而导致的挂渣。使用曾经用过的气罐时也要事先进行确认，查看在加工质量上是否有变化。

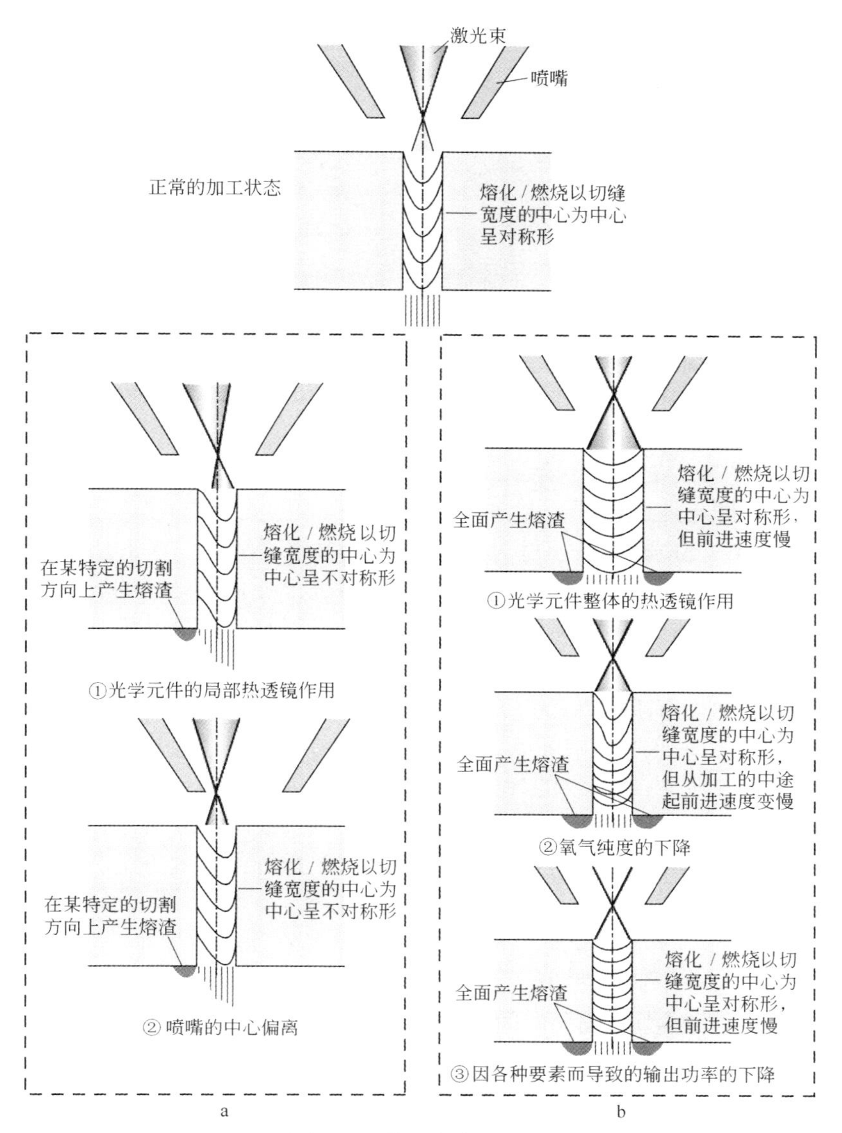

图7-1 熔渣的产生原因

a—产生的熔渣有方向性的；b—全加工方向产生熔渣时

3）如果是突然发生且不能恢复，则其原因就是光模或输出功率突然发生了变化。此时应检查激光所经过的光路内是否混入了有害气体，或是查看光学元件是否被烧坏等。

7.2 切割中碳钢（S45C）、工具钢（SK）时的注意事项

【现象】

这些材料的特点是，材料中所含影响切割质量的硅（Si）、锰（Mn）含量接近于 SS400，但碳（C）含量却比较高。一般情况下，材料在成分标准的管理上是非常严格的，基本上不会出现加工性能因批号不同而存在差异的现象。在加工条件中输出功率与速度间的相关关系上，中碳钢是基本与 SS400 相同的。穿孔时，碳素将会燃烧并飞溅起耀眼的火花，但不会导致过烧。

【原理与注意事项】

S45C、SK 材料是淬过火的材料，在激光切割中，淬火层会在切缝周围显现出来。对于那些需要在切割后进行硬化热处理的零件，用激光切割时则可省去热处理步骤。利用激光切割制造简易模具，可利用激光切割的这种特性节省激光切割后进行热处理的时间，从而达到缩短整个加工时间的目的。

但是，加工中也有不喜欢材料被淬火了的。用激光加工过圆孔后还需要再在孔内攻螺纹的加工就是其中一例。用激光切割的话，切割面会被淬火，淬过火的切割面的硬度将比攻螺纹用的刀刃还要高，无法再进行攻螺纹加工。目前还没有解决这个难题的有效方法，需要尝试激光切割之外的方法。

图 7-2 显示了切缝周围的热影响层状态。在切缝的上部，因为熔融金属是被迅速推到下部的，加热时间很短，所以热影响层比较窄。而越是向下，熔融金属的滞留时间就越长，热影响层的宽度也就越大。切缝周围热影响层的硬化需要被加热部分在切割后急速冷却。激光切割的冷却是通过被加热部分的热量向被加工物内部热传导来实现的自我冷却。

要减少向加工部分的热量输入，缩小热影响层的宽度，可使用脉冲切割条件。图 7-3 显示的是硬化层宽度和硬度分布的关系。受脉冲频率和脉冲峰值功率的影响，频率越低、脉冲峰值越高，硬化层就会越窄。

a

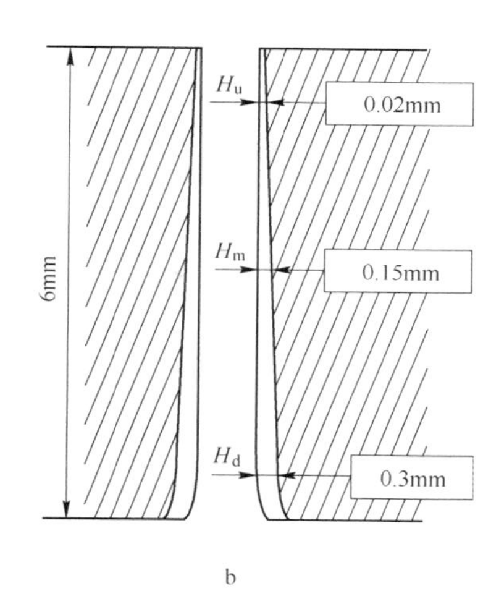

b

材质／板厚	SK3/6mm
输出功率(脉冲)	350W
速度	300mm/min

图 7-2 热影响的发生状态

a—切缝截面；b—硬化层宽

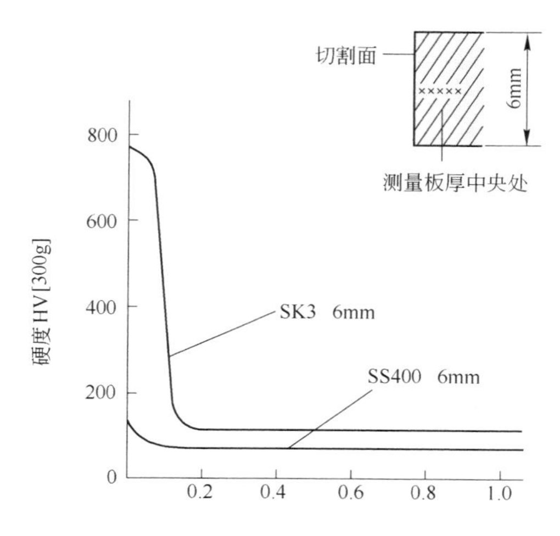

图 7-3 切割面的硬度分布

当材料的厚度在 20mm 以上时，使用氮气进行无氧化切割可有效抑制过烧现象。图 7-4 显示的是用 4kW 输出功率切割 25mm厚 SK 板的切割面。切割速度条件是 60mm/min 的低速。

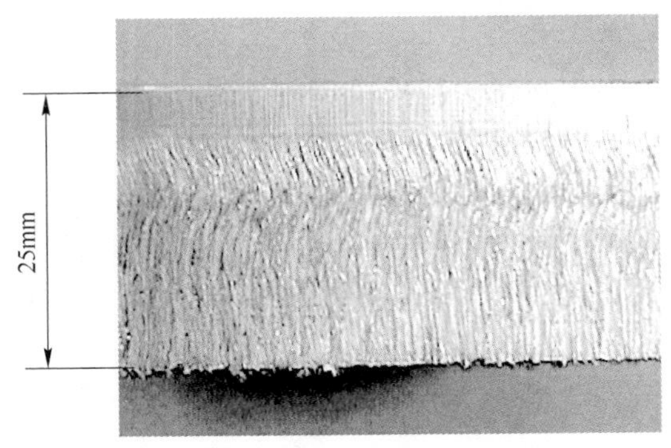

材质：SK3
板厚：25mm
输出功率：4kW
切割速度：60mm/min

图 7-4　厚板的切割面

第8章

金属材料共同的切割现象

本章就所有金属材料在激光切割中所共同的加工现象进行论述，所介绍的事例大多是受激光加工机因素影响或加工条件参数影响而表现出的加工特性。应正确理解各种加工现象及其发生原因，力求实现对所有金属材料的高质量切割。

8.1 解决毛刺黏着在管材内的方法

【现象】

切割管材时，切割中所产生的熔融金属会在熔融状态下掉落并黏着在管材内层的下方，之后冷凝。平面板材切割中不成问题的毛刺黏着现象，在管材切割中，则由于熔融金属是黏着在管材的内侧，就成了需要解决的问题了。

【原因】

在管材的切割中，由于切割处与对面管材内侧的间距很小，熔融金属在高温状态下还来不及冷却就会黏着在管材的内侧，之后又急速冷却，从而使熔融金属成为很难去除的顽固毛刺。

【解决方法】

防止熔融金属黏着或使熔融金属在黏着前冷凝的方法（见图 8-1）都是行之有效的解决方法。

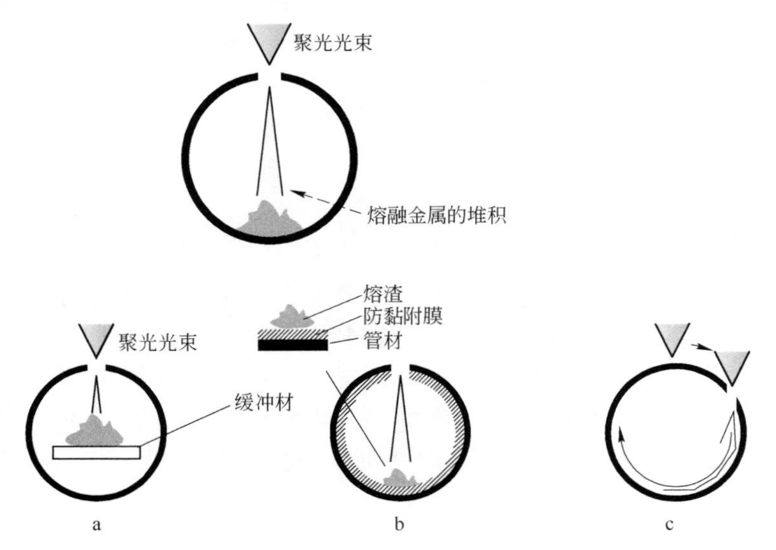

图 8-1 管材切割时的熔渣对策

a—将缓冲材（板状或管状）插入管材内用来接住熔渣以防向材料上黏着；
b—使熔渣与管材内壁之间形成防黏着的保护膜；c—使从切割点排出的熔渣沿着管材内壁做旋转运动

（1）将缓冲材插入到管材内。管材内插入缓冲材后，从切割部排出的熔渣就会被缓冲材接住，可防止毛刺的直接黏着。缓冲材可以是平面板，也可以使用直径较小的管状材料。插入缓冲材还可有效防止管材内侧因被激光照射而导致的变色或其他损害。

（2）在管材内侧涂抹毛刺防止剂。在管材内侧涂抹毛刺防止剂后，管材内侧面上就会形成一层保护膜，毛刺则会堆积在保护膜上，很容易去除。管材内侧的毛刺防止剂将起到阻止熔融金属直接黏着到加工管材内侧的保护作用。对毛刺防止剂性能、规格的要求是：1）廉价；2）易涂抹；3）切割加工后容易去除；4）不需要去除（无害）等。毛刺防止剂要根据被加工物的材质、尺寸选定，有些加工中使用中性洗涤剂就可获得良好效果。

（3）在加工位置上下功夫。加工管材时，一般是从管材的最顶端照射激光，此时排出的熔渣会垂直喷射到管材底面的内侧，形成顽固的黏着物（毛刺）。将激光的照射位置从管材的顶点稍向周边移动，则熔渣就会沿着管材内侧面做旋转运动，并会在旋转运动中逐渐冷凝，从而达到减少熔渣黏着的目的。

8.2 将两三张材料重叠起来切割的方法

【现象】

为了提高加工效率，有些用户考虑能否在切割薄板时将多张板材重叠起来，一次性进行切割。针对这种要求，首先要弄清楚的是，用激光进行加工时，板厚和切割速度的关系是呈反比的。例如，切割6mm厚的板材时，2张重叠起来厚度就是12mm，而加工速度则会变为原来的1/2，不能达到预期效果。不过，对于那些快进空跑移动路径非常长或快进空跑次数非常多的加工形状，如采用重叠加工，空跑时间可大幅减少。

【原因】

在激光切割中，只要熔融金属流淌顺畅，能被从加工材料的下面顺利排出，重叠起来切割也是可行的。重叠切割时，材料与材料间的紧贴性非常重要。图8-2中分别显示了紧贴性好时的加工状态和紧贴性不好时的加工状态。如果紧贴性不好，则板材与板材间的缝隙会妨碍激光的多重反射，从而使加工现象变得不连续，熔融金属会渗入到板材间的缝隙中。

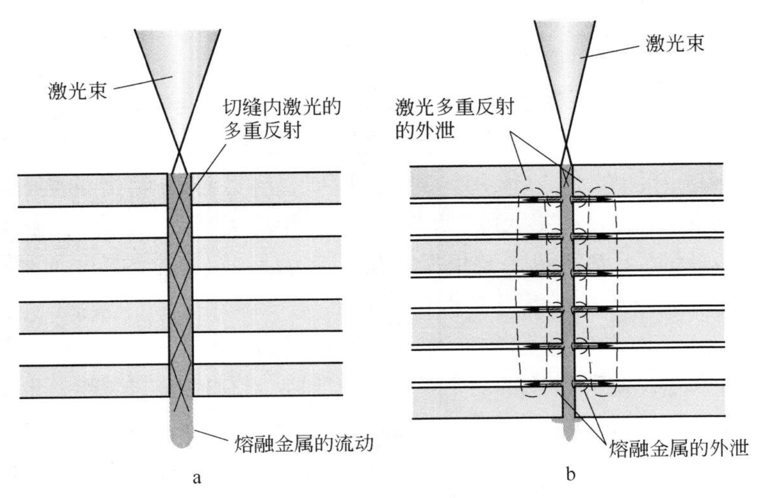

图 8-2　被加工物的紧贴性与加工现象

a—紧贴性好的状态；b—紧贴性不好的状态

【解决方法】

虽然加工质量不能达到一体性（单张）材料时的效果，但如果各材料重叠起来时的紧贴性很好，也可获得满意的切割质量（见图 8-3）。当厚度较大时，切割中所产生的热变形会使板材间的缝隙扩大，此时需要通过用螺栓进行紧固等方法来限制热变形。如果材料本身就是有变形的材料，则在叠放时要尽量让各板材的起伏相吻合，以最大限度提高其紧贴性。

切割薄板时，可以在材料间填充肥皂水或油液，利用液体的表面张力来减小材料间的缝隙。这个方法还有防止板材在切割后粘在一起的效果。

在切割不足 0.3mm 厚的超薄板时，单张切割起来难度很大，此时反倒是采用重叠加工法可以得到良好的加工质量。不过，其缺点是很容易产生毛刺，需要对辅助气压等加工条件进行调整。

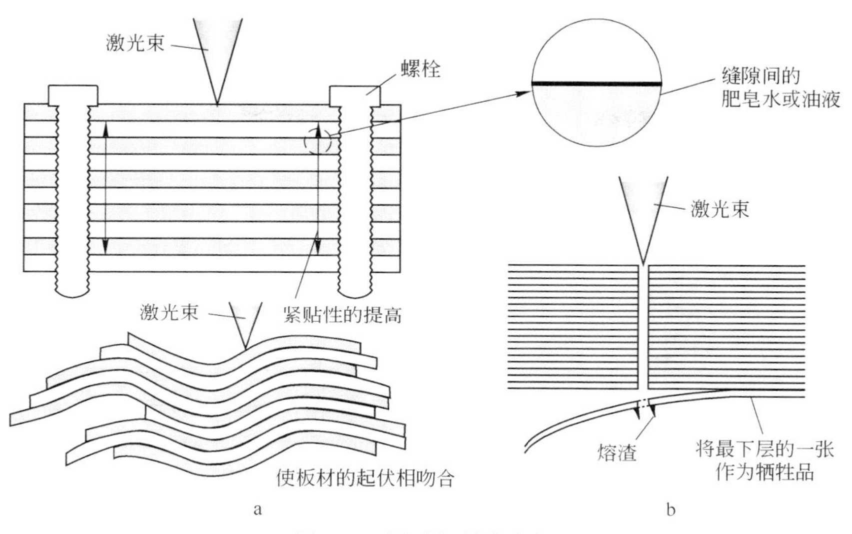

图 8-3 同时切割多张板

a—固定方法；b—超薄板的重叠切割

调整的目标不是抑制毛刺，而是如何令毛刺粘在最底层，也就是让熔渣尽量都粘在最底层，最后将最底层作为牺牲品来处理。

8.3 如何减小切割的方向性

【现象】

在切割过程中有时会出现切割面的粗糙度、毛刺等影响切割质量的因素随着切割方向的变化而变化的现象，且切割的板材越厚，切割的速度越快，就越容易出现这种现象。查找原因时，首先要弄清质量变化是：(1) 在加工一开始时就出现的；(2) 还是在几分钟的短暂时间内或几个小时的较长时间后发生的。

【原因】

加工质量变差的主要原因是由于在金属熔融形成切缝的过程中，激光束和辅助气体这两个要素的不匹配。出现方向性时，可以考虑是这两个要素发生了方向性的变化。例如，X 方向切割时熔融能力高而

Y 方向切割时熔融能力低时，就会产生方向性。图 8-4 和图 8-5 显示了方向性的产生状态。

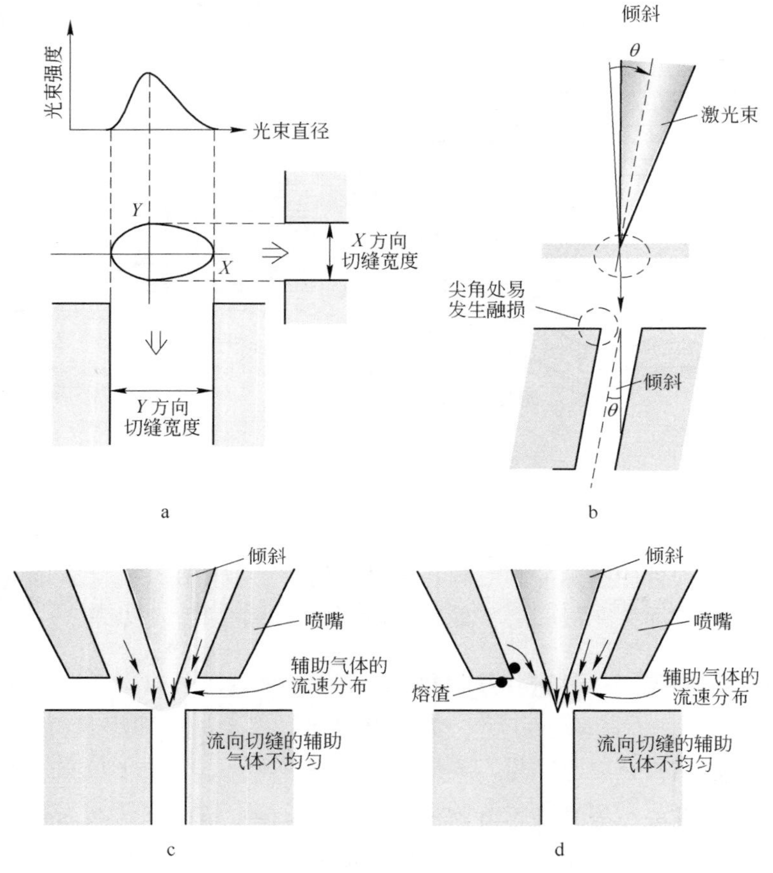

图 8-4　在加工的开始就产生的方向性

a—光束模式圆整度的影响；b—激光束倾斜的影响；
c—喷嘴中心偏离的影响；d—喷嘴上黏附的熔渣的影响

【对策】

（1）加工一开始就出现（与加工时间无关）。

1）如果光束模式的圆整度不好，则切缝宽度会因加工的方向而出现差异。此时应对光束模式的圆整度进行调节。

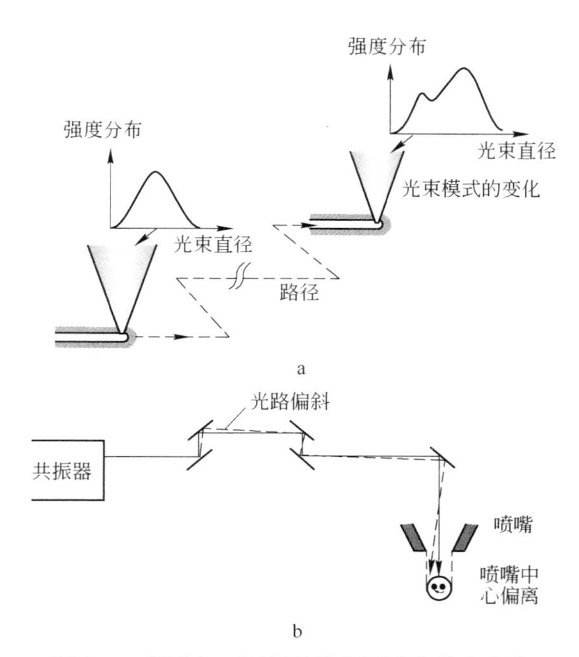

图 8-5 随着加工时间的推移而产生的方向性

a—热透镜作用的影响（在较短时间内发生）；b—发生光路偏斜时的影响（在较长时间内发生）

2）如果激光是倾斜照射被加工物，则照射在材料表面的光束截面将是椭圆形，切缝宽度会因加工方向而出现差异。如图 8-6 所示，调整光束的垂直度时，可以采用上下位移加工头，在上下位置处各照射一次的方法来检查是否有倾斜。

3）以聚光透镜聚起的光束在通过喷嘴时，如果光束的中心与喷嘴的中心不一致，则金属的熔融状态会随着加工方向的变化而变化。此时应调整喷嘴使其对中。

4）喷嘴上黏着有熔渣或喷嘴形状发生了变化时，辅助气流会紊乱，金属的熔融状态也会随着加工方向的变化而变化。此时应检查喷嘴的状态加以调整。

（2）随着加工时间的推移而发生（短时间内/长时间后发生）。

1）短时间内发生：是光学元件的热透镜效应使光束模式的圆整

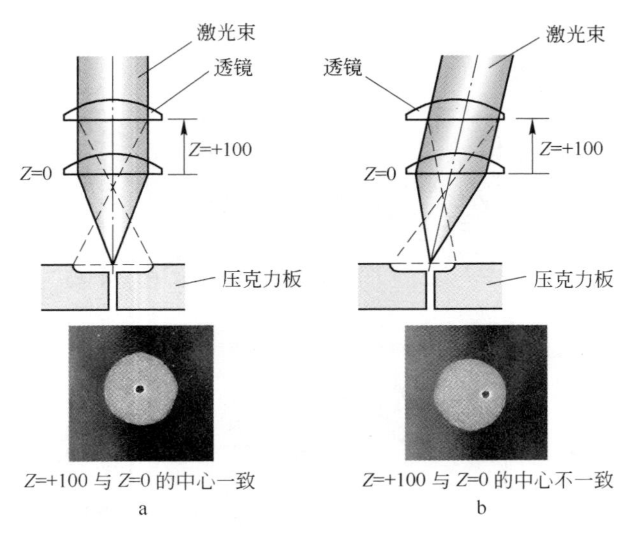

图 8-6　通过检查倾斜确认光束的垂直度

a—垂直度无偏差时；b—垂直度存在偏差时

度、能量分布发生了变化。此时应确认光学元件的状态。

2）长时间后发生：是由于加工机温度的升高或初始调试的失误等原因，使光路出现了偏离，造成了加工位置处的偏孔。此时应检查光路系统元件的偏离情况及其紧固状况。

8.4　解决加工末端翘起的方法

【现象】

在激光加工的过程中，有时会发生被加工物的热变形或加工过部件的掉落，而使加工末端翘起。翘起的末端又会与加工头或喷嘴发生接触，如图 8-7 所示。如果在加工头或喷嘴与被加工物相接触的状态下继续运转加工机，很容易造成喷嘴的变形或加工头的损坏。

【原因】

在铝合金、不锈钢材料的薄板上加工细长形状时，很容易发生热变形，原因主要在于加工中所产生的热量。

图 8-7 工件的翘起及与加工头的接触

加工末端之所以会因被加工物的掉落而翘起，主要是由于尖齿状或板条状的支撑件与加工件之间的位置关系欠佳，而使支撑件不能支撑住零件。

【解决方法】

如果让加工头在到达加工末端后迅速向上方进行退避，则可在一定程度上避免接触，但却又增加了加工头向上方移动所耗的时间。这里就图 8-8 中所示方法进行说明。

（1）解决加工中产生热变形的方法。热变形是随着加工的进展而逐渐变大的，在加工的中途基本不会发生喷嘴与零件接触。而在加工的末端，则因零件与母材在断离的瞬间会发生很大的变形，因此很容易发生零件与喷嘴的接触。解决方法有：1）在零件的末端设置微连接，不完全将零件切离；2）不让加工头在末端停止，而是在经过末端后再停止。

（2）解决因零件掉落而造成翘起的方法。调整加工形状与工件支撑件间的位置关系，使支撑件能支撑住零件，微连接也是行之有效的方法。微连接的量要根据板厚、形状、切缝宽度（焦点位置、透镜焦距）等参数确定。

所谓微连接，就是在切割时留下微小的切割剩余，也就是说是在到达加工末端之前停止加工。这种做法会增加加工后把微连接进行分离的工序。

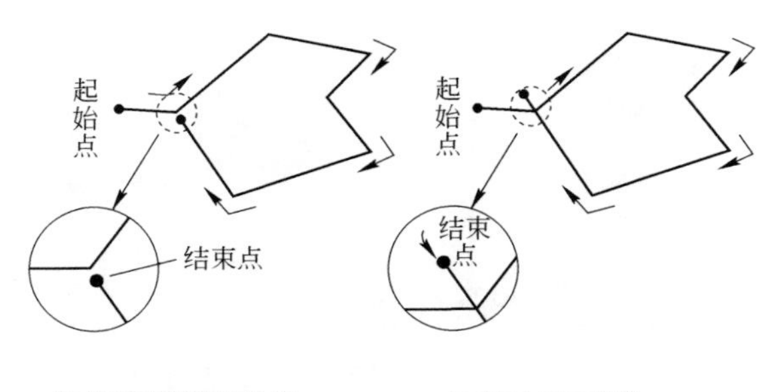

a

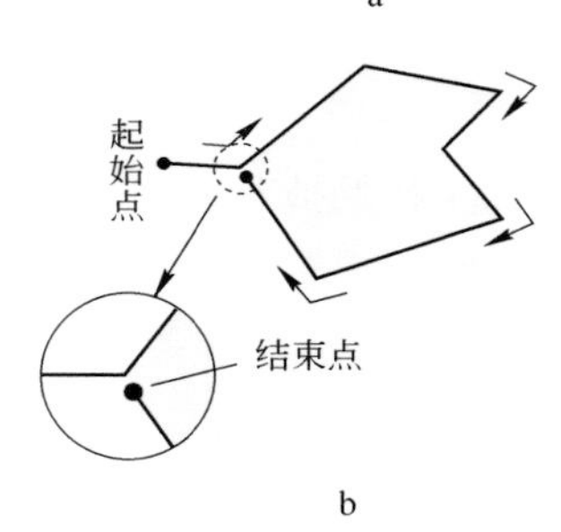

b

图 8-8　工件与加工头相接触的解决方法
a—加工时的热变形对策；b—因工件的掉落而引起的翘起的处理

8.5　解决小孔加工时产生过烧的方法

【现象】

一般情况下，小孔加工可加工的圆孔直径为 0.5 ~ 1mm 板厚。在加工过程中，小孔的内侧会成为过烧发生的起点。成功进行小孔加工的诀窍就是尽量减少流向加工部位的热量输入。

【原理】

如图 8-9 所示，金属在激光的照射下产生熔融形成切缝，会产生大量的热量。良好的切割就需要切缝处的热量能扩散到被加工物中得到充分的冷却。在小孔的加工中，孔外侧可得到充分的冷却，但孔内侧的小孔部分却因为热量可扩散的空间小，热能过于集中从而引起过烧、挂渣等。另外，在厚板切割中，穿孔时所产生的堆积在材料表面的熔融金属及热量积累会使辅助气流紊乱、热量输入过多，从而引发过烧。

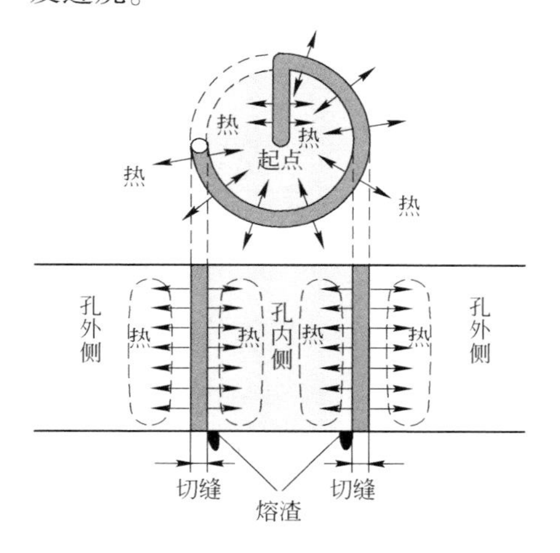

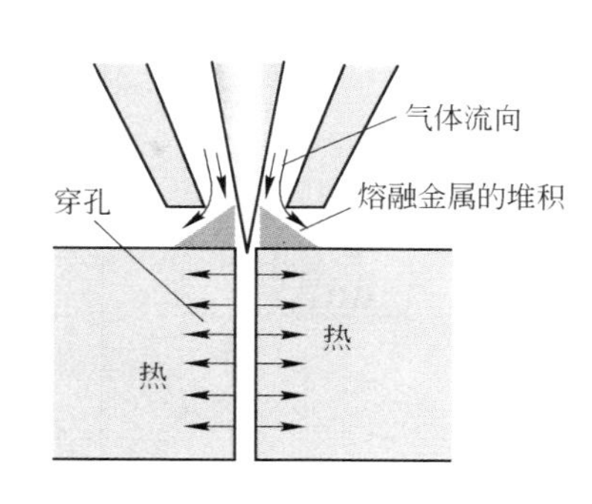

• 因为孔内侧可散热的区域小，所以温度会上升；
• 因为孔外侧可散热的区域较大，可充分得到冷却

a

• 在熔融物堆积处辅助气体的气流紊乱；
• 穿孔中蓄热

b

图 8-9 小孔切割不良的原因

a—小孔切割中的热能流向；b—厚板切割中的穿孔部位的隆起

【解决方法】

如图 8-10 所示，不同材质有着不同的解决方法。

（1）碳钢切割。

1）在以氧气为辅助气体的碳钢切割中，解决问题的关键在于如何抑制氧化反应热的产生。可采用穿孔时用辅助氧气，之后切换为辅助空气或氮气来切割的方法。这种方法最大可加工 1/6 板厚的小孔。

2）低频率、高峰值输出功率的脉冲切割条件具有能减少热量输入的特点，有助于切割条件的优化。

3）把条件设定为单一脉冲光束、能量强度大的高峰值输出、低频率条件，可有效减少穿孔过程中熔融金属在材料表面的堆积，有效抑制热量输入。

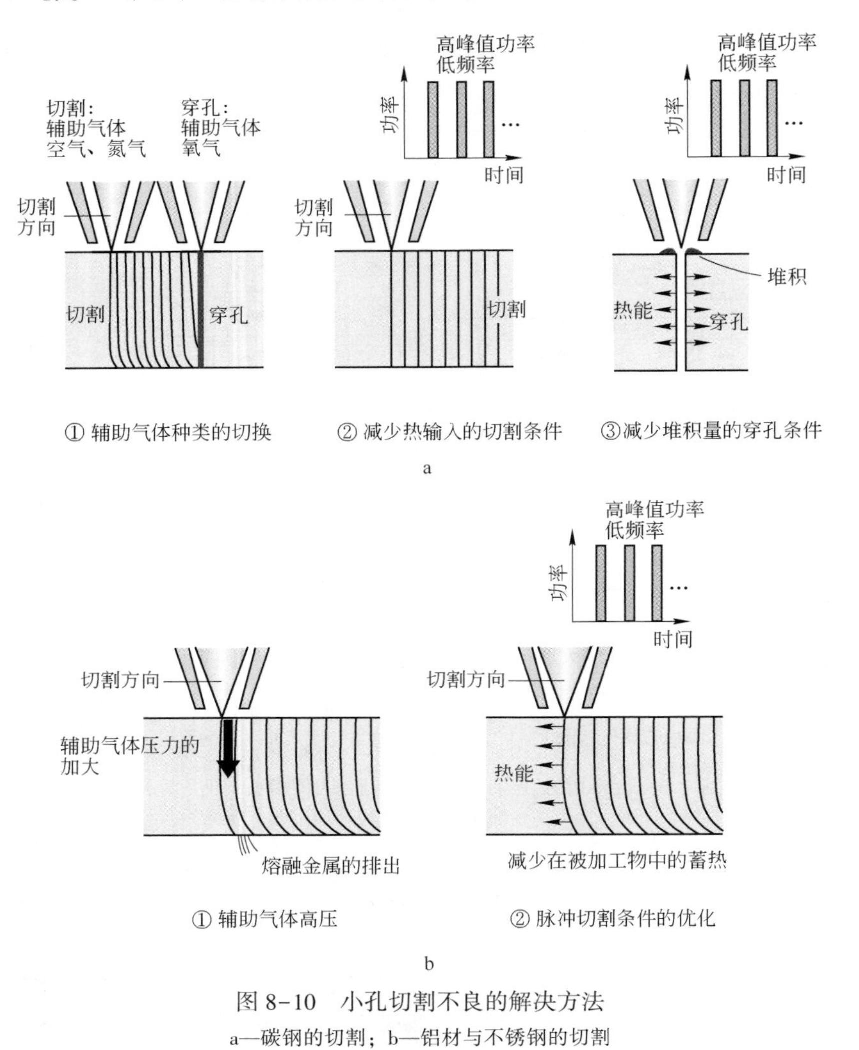

图 8-10 小孔切割不良的解决方法

a—碳钢的切割；b—铝材与不锈钢的切割

（2）铝合金及不锈钢切割。

1）在此类材料加工中，使用的辅助气体是氮气，在切割中是不会发生过烧的。但是，由于小孔内侧材料的温度很高，内侧的挂渣现象将比较频繁。有效的解决方法是加大辅助气体的压力，将条件设为高峰值输出、低频率的脉冲条件。

2）辅助气体使用空气时也和使用氮气时一样，是不会发生过烧的。但却很容易在底面出现挂渣，需要将条件设置为高辅助气体压力、高峰值输出、低频率的脉冲条件。

8.6 轻松打孔定位的方法

【现象】

有很多厚板材料都是在用激光进行切割加工之后，还需要再用钻头加工小孔。虽然也可以直接用激光来加工小孔，但对于那些圆整度要求很高的小孔来说，还是需要用钻头进行再加工的。如果此时能在用激光切割的同时把用钻头进行再加工的位置也准确标记出来，则可大幅提高打孔的工作效率。另外，打孔位置的标记设置在激光切割的程序中，对确保加工精度也具有重要意义。

【对比】

比较普遍的标记法是用激光划出十字状的刻线来显示用钻头加工时的中央位置。不过刻线法会增加条件切换、路线更改等的步骤，会延长加工时间。当加工件中需要用钻头加工的小孔个数很多时，就又会额外增加编程时间、加工时间。

【解决方法】

如利用穿孔条件来进行标记，则可在短时间内轻松标出需要用钻头加工的中心位置。方法是，直接使用穿孔条件，但穿孔时间要改为时间短的非贯通性条件。虽然铝合金及铜等高反射材料刻起线来比较困难，但只是做标记的话，则只需把能将材料熔融的穿孔条件能量集中到孔的中心即可，因此是可确实进行定位打标的。

图 8-11 显示的是对 12mm 厚碳钢用低输出功率穿孔条件在短时间内进行非贯通穿孔的结果。由于加工属非贯通性质，每一处所用的时间仅为 1~2s，而且穿孔动作刚一开始马上就又结束，将不会存在通常的因热量积蓄而造成过烧的危险。这种非贯通性穿孔既能起到做标记的作用，又能有效提高后序加工的定位精度。

对于那些经过了热处理的硬化材料，由于被激光照射后会发生硬化，因此无论是使用穿孔条件还是刻线条件，都不能再在激光加工后

图 8-11　用非贯通穿孔进行定位

进行打孔，而只能使用激光之外的方法进行标记。丝锥的攻孔加工也是同样道理，如果用激光对硬化材料进行加工，则在切缝的周围将会形成淬火，而不能再行攻丝。

8.7　解决切割中产生等离子体的方法

【现象】

用氮气作辅助气体切割金属时，如果加工对象是薄板且加工速度在 10000mm/min 以上，则很容易产生等离子体，造成切割面的粗糙。特别是在不同加工方向上所表现出来的切割面粗糙度的差异将会很突出。另外，在切割尖角形状时，在刚刚经过尖角的地方是最容易产生等离子体的。

【原因】

如图 8-12 所示，等离子体产生的原因是金属的熔融温度在切割过程中急遽上升而致，等离子体产生的差异又主要是因为熔融现象的差异而致。

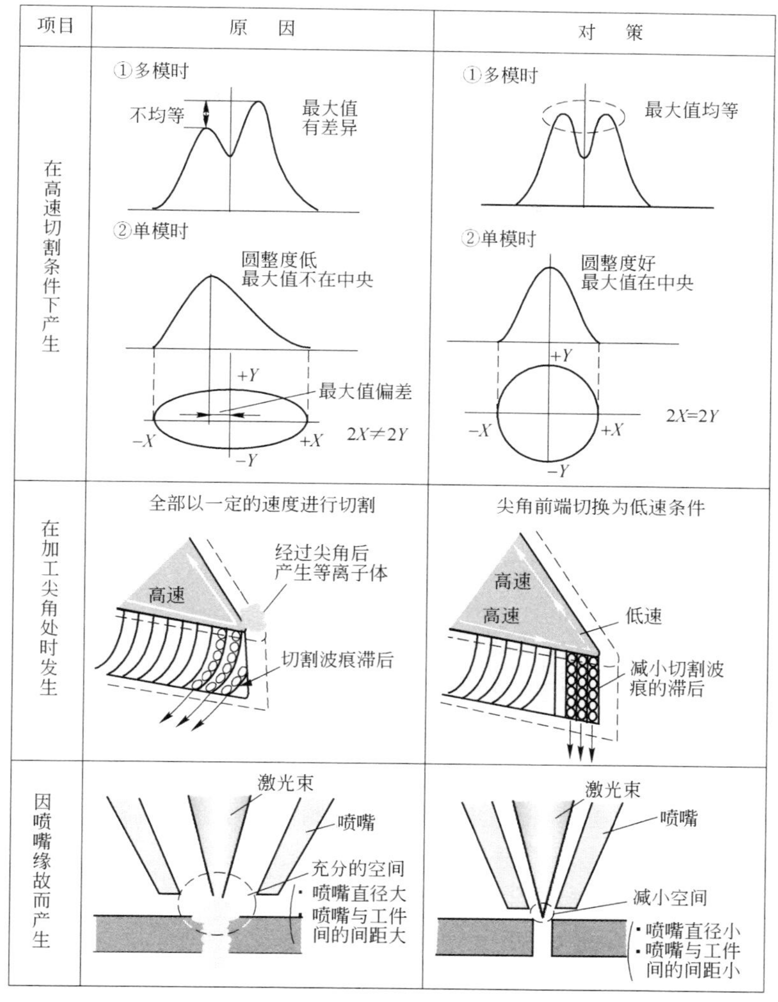

图 8-12　等离子体产生的原因及其对策

（1）切割速度越快，加工就会越依赖于光束模式中能量强度最强的部分，切割前沿因此而呈高温，很容易产生等离子体。

（2）激光束在刚刚经过锐角后，会因拖曳线的滞后而出现锐角尖端部的蓄热和辅助气流的紊乱，并因此而造成冷却的不充分，以致产生等离子体。

(3) 喷嘴方面的原因是发生了偏孔，使喷射到熔融处的辅助气体减少，冷却能力下降从而引发等离子体。另外，当喷嘴下的空间过大时，也会诱发等离子体的产生。

【解决方法】

(1) 产生在高速切割条件下时。高速切割时，光束模式的能量强度分布的均匀性是很重要的。越是高速切割速度条件，在加工中所使用的就越是能量强度中最强的部分。这样就需要提高光束模式中心部分能量强度分布的正圆性，使任何方向的切割都能有均等的能量分布。

(2) 产生在尖角处时。将激光刚刚拐过尖角的地方设置为低速加工条件，以保证辅助气体的稳定。尖角的角度越小，低速条件的设置就越为有效。另外，在从低速条件向高速条件切换时，需设定为一个分步提高的过程。

(3) 因喷嘴缘故而产生时。按照通常的偏孔解决方法将光束的中心调整到喷嘴的中心。另外，还要尽量使用小孔径喷嘴，以减小等离子体的产生空间。

8.8　提高底漆材料、表面喷漆材料的切割质量

【现象】

以防锈为目的的富锌底漆、蚀洗底漆材料都是在钢铁材料表面涂覆含锌涂料的材料。切割这些材料时，切割面粗糙度会比较差，甚至还会发生过烧等现象。对表面喷漆材料进行切割时也是一样，切割面的粗糙度会比较差，发生过烧现象，并且还会在切割部底面出现挂渣现象。

【原因】

含锌涂料或油漆对激光的吸收性都很好，足以保证切割用的能量，但切缝周围热影响层的热量又会使涂层、油漆蒸发（气化）。如果这些蒸发气体混入到辅助氧气中，则氧气的纯度会下降，进而会使材料的氧化燃烧能力降低，使切割面变得粗糙或出现挂渣。

【解决方法】

解决材料表面涂料在切割中蒸发的有效方法，是采用二次切割

法。也就是通过第一次照射来去除涂料膜，通过第二次照射来切割。两次切割时，使用的是同一加工程序，但在去涂料膜时，是把焦点位置向正方向（向上）调整，使用低激光功率、高速度的加工条件；而切割时，就使用通常的切割条件。

图 8-13 显示了分别用一次切割和二次切割法对 16mm 厚富锌底漆材料进行切割的结果。一次切割法时，蒸发的气体侵入切缝内，板厚中央部（距材料表面 8mm 处）的切割面粗糙度达 R_{amax} 86μm，被加工物底面的切缝周围有毛刺。

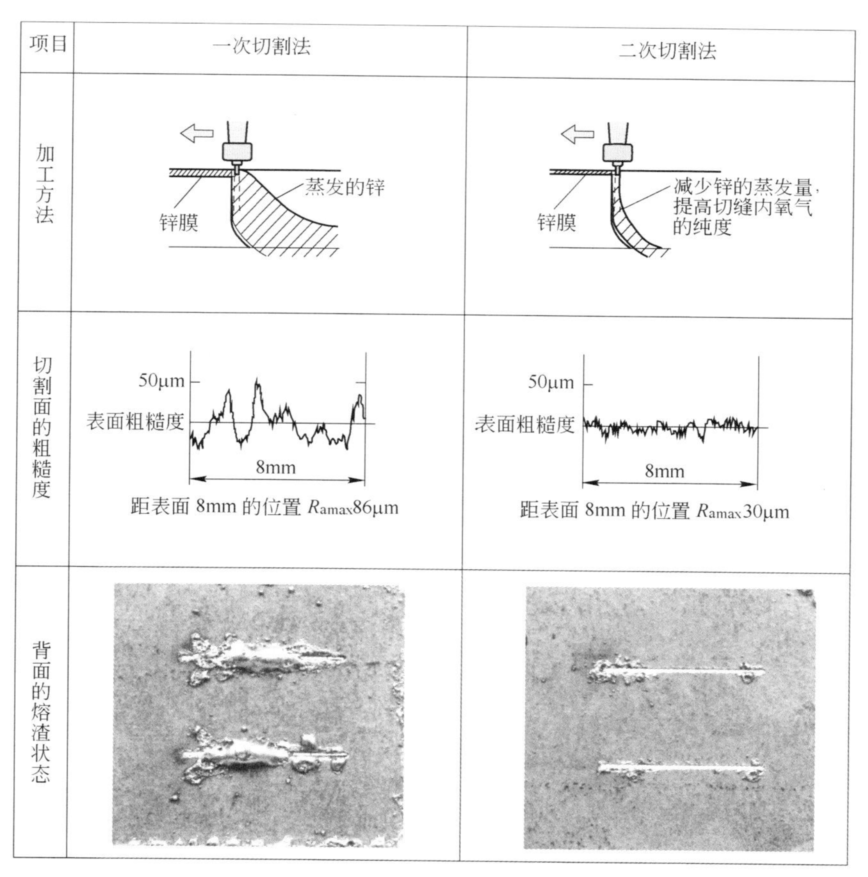

图 8-13 涂漆钢板（底漆材料）的切割

用二次切割法切割钢材时，切缝内没有气化锌的侵入，辅助氧气一直能保持高纯度状态，板厚中央部的切割面粗糙度是 R_{amax} 30μm，被加工物底面的毛刺也有所减少。

二次切割法应用在被加工物表面粗糙度差或有铁锈的材料上时，效果会更好。通过第一次的激光照射把材料表面熔融，使被加工物表面形成一层粗糙度均匀的氧化铁层，对激光的吸收也因此变得均匀。

第9章

非金属材料的切割

当被加工材料为非金属材料时，激光束的强度会被直接反映到切割部分，并表现出与金属不同的加工现象；在加工质量上也会出现在金属材料切割中所不存在的切割面的焦化、碰撞等问题。在加工前应预先熟知被加工材料的物理特性，充分了解加工条件中各参数对加工质量的不同影响。

9.1　激光切割在木材加工上的应用

【现象】

CO_2 激光在木材的切割、雕刻领域中的应用日益广泛。激光垂直于表 9-1 所示各材料的木纹进行切割时，最大切割速度如图9-1所示。切割速度与激光功率是成正比的，加工中没有产生因木材产地或树种的不同而出现的不同加工特性。木材的密度影响着切割能力，切割实验结果表现为：密度越高，切割速度就越慢。如图 9-2 所示，相对于木纹呈平行或垂直进行切割时的各加工特性结果将如表 9-2 所示。整体来看，平行于木纹时的加工速度要比垂直时的加工速度快。图 9-3 是垂直于木纹进行切割时的各种木材的截面照片。

表 9-1　用于激光切割实验的木材

叶　别	树木种类	产　地	密度/g · cm^{-3}
针叶树	1. 扁柏	日本木材	0.46
	2. 杉木	日本木材	0.38
	3. 黄松	北美木材	0.62
	4. 云杉	欧洲木材	0.39
	5. 白杨	北美木材	0.59
阔叶树	6. 枫树	北美木材	0.47
	7. 印尼白木	南洋木材	0.70
	8. 橡胶	南洋木材	0.64
	9. 白桐	日本木材	0.27
	10. 柳桉木	南洋木材	0.44

表 9-2　各个切割方向的最大切割速度

树木种类	垂直于木纹时的速度/m · min^{-1}	平行于木纹时的速度/m · min^{-1}
1. 扁柏	5	6
2. 杉木	5.5	5.5
3. 黄松	2	3
4. 云杉	6.5	7
5. 白杨	3	5
6. 枫树	5	5.5

续表 9-2

树木种类	垂直于木纹时的速度/m·min^{-1}	平行于木纹时的速度/m·min^{-1}
7. 印尼白木	3	3
8. 橡胶	2.5	2.5
9. 白桐	7	10
10. 柳桉木	4	4

注：激光输出功率 2kW。

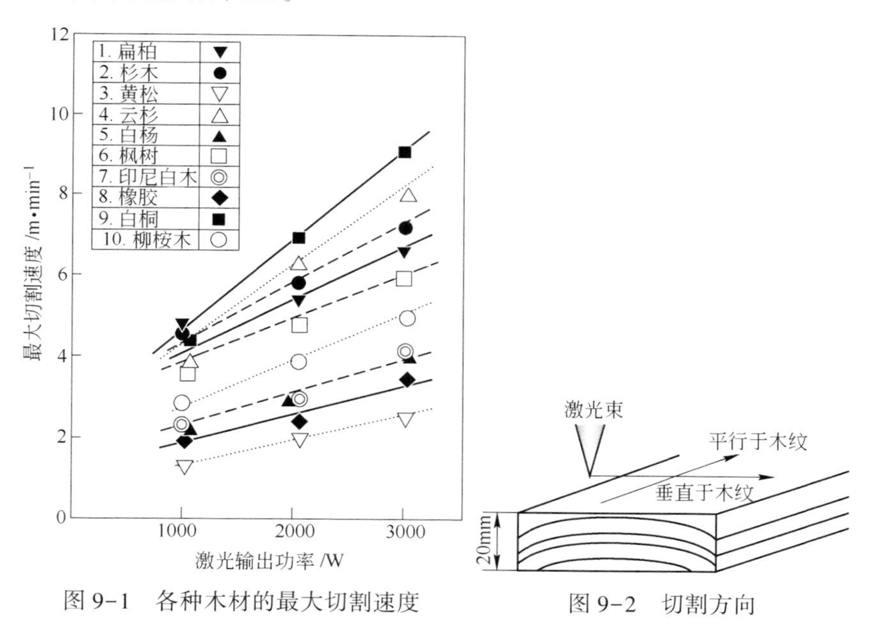

图 9-1 各种木材的最大切割速度

图 9-2 切割方向

【精度】

木材的切割特性与压克力板相同，可通过对焦点位置的正确设定来减小切缝的坡度。图 9-4 所示为切割 20mm 厚的柳桉木时的焦点位置与切缝宽度的关系。上部切缝宽度为 W_u、中央部切缝宽度为 W_m、下部切缝宽度为 W_l。相对于焦点位置 Z 的变化，上部切缝宽度 W_u 的变化最大，下部切缝宽度 W_l 的变化比较小。焦点位置在 $Z=+6\sim+8$ 范围内时，W_u、W_m、W_l 的差异量小，锥度量也为最小。在此焦点位置范围内，切缝宽度的偏差在 0.3mm 以内。

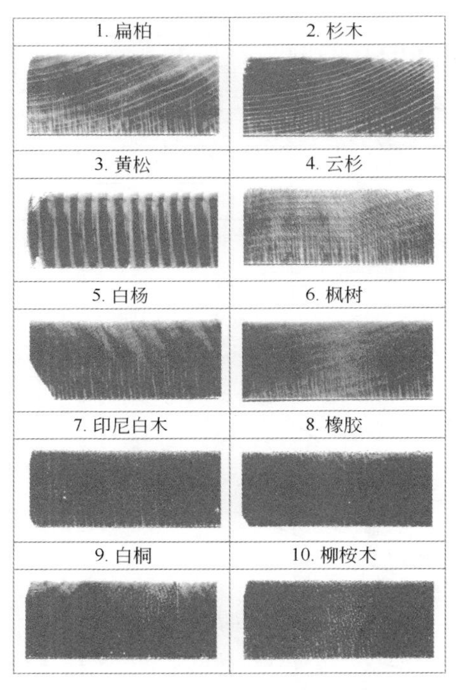

图 9-3 各种木材的切割面

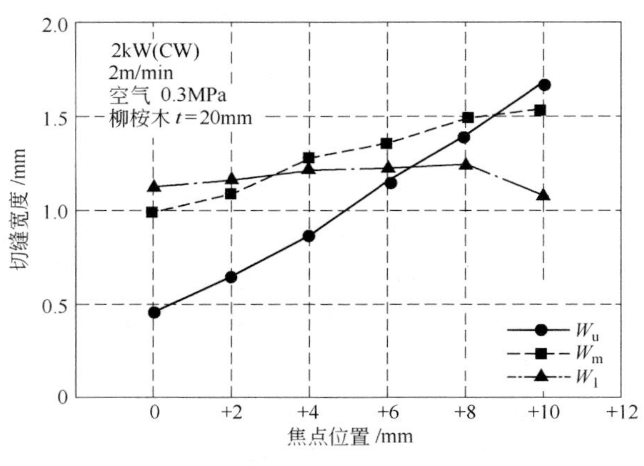

图 9-4 切缝宽度与焦点位置的关系

【加工实例】

图 9-5 是激光切割应用在木材加工领域的一些实例。

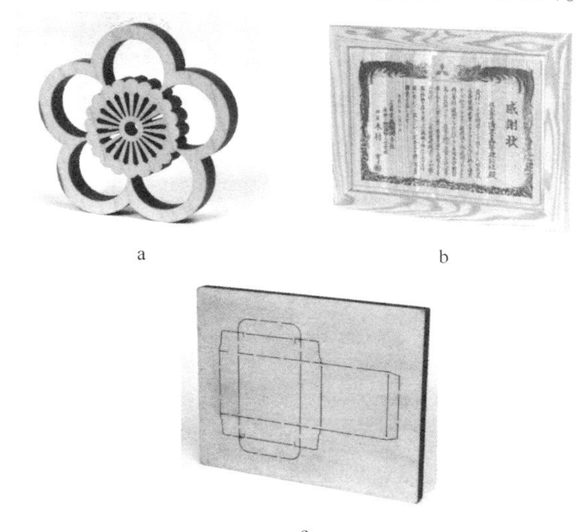

图 9-5 木材的激光加工示例

a—装饰品的切割；b—雕刻；c—模切板的切割

（1）用扁柏切割出的家徽。程序中的数据是通过扫描器来读入编制的。

（2）在杉木上雕刻的文字。雕刻方法是：在木材的表面覆盖可反射激光的盖板，用激光进行全面顺序扫描，激光透过没有盖板的部分就会照射到木材上形成加工痕迹。加工的最小宽度也会受加工深度的影响，为 0.1~0.2mm。

（3）用于切割纸张或胶卷的木制刀片台座。对 18mm 厚的胶合板加工出的切缝为 0.4~1.2mm，精度大约可达 1/100。日本是最早在此加工领域中使用激光的，目前已有相当数量的加工机在运行。

9.2 玻璃切割的可能性

【现象】

关注用激光切割玻璃的用户越来越多。钢化玻璃由于在加工中会发生龟裂，属于不能用激光切割的材料。石英玻璃是能够进行良好切割的玻璃，也是一直以来 CO_2 激光最擅长的加工对象。

【原因】

钢化玻璃在切割中发生龟裂的原因，主要是钢化玻璃的线膨胀系数比较大。在激光的照射下，加工部的温度将在瞬间上升到熔融温度，玻璃也会随之膨胀，而在激光经过之后又会急速冷缩。被激光熔融的区域与散热区域相比非常狭窄，冷却一开始热量就会迅速向母材中传导，温度急速下降。急速的加热与急速的冷却使膨胀和收缩幅度都很大，很容易发生龟裂。

作为线膨胀系数较小的石英玻璃，当板厚为 8mm 以下的薄板时，可以进行无龟裂切割；但当板厚在 12mm 以上时，有时也会依加工条件的不同而发生龟裂。厚板石英玻璃产生龟裂的时机主要集中在切割后的冷却时间内。

表 9-3 显示的是各种玻璃的线膨胀系数及其主要用途。

表 9-3　石英玻璃的线膨胀系数及主要用途

种　类	线膨胀系数($\times 10^{-7}$/℃)	用　途
钢化玻璃	90~100	门窗玻璃
硼硅酸玻璃	40~50	哺乳瓶用玻璃
石英玻璃	4~6	半导体制造的容器

【解决方法】

对于激光切割应用较多的石英玻璃在厚板切割中容易发生的切割面处的龟裂问题，这里介绍几种解决方法。

（1）优化切割条件。要防止石英玻璃的龟裂，关键是要尽量减少向加工部的热量输入。如图 9-6 所示，切缝很窄的话，已加工部位就会在切缝内发生接触，加工部的热量会因此而增多，膨胀幅度也会随之而变大，很容易发生龟裂。解决方法就是抬高焦点位置以尽量扩大切缝宽度，提高切割中辅助气体的冷却性能，从而达到防止已加工部位切割面的接触。

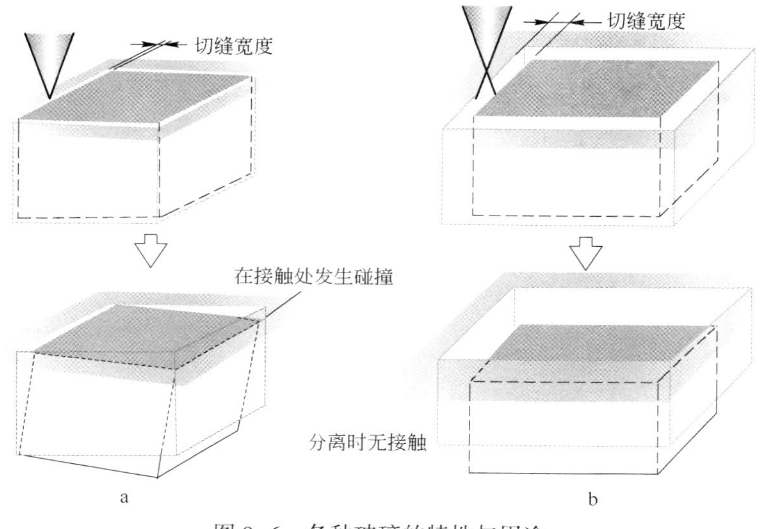

图 9-6 各种玻璃的特性与用途

a—切缝窄时；b—切缝宽时

（2）通过缓慢冷却抑制变形。把激光切割过的工件放在炉内进行缓慢冷却的方法也很有效。缓慢冷却可减小膨胀和收缩的急剧变化幅度，起到防止在切割面处发生龟裂的作用。

参 考 文 献

[1] 金岡．機械加工現場診断シリーズ⑦レーザ加工［M］．日刊工業新聞社，1999.

[2] 金岡．レーザ切断精度におよぼすビーム集光特性の影響［C］．日本機械学会論文集（C 編） 56 巻 531 号，1990-11：278~284.

[3] Kanaoka. Automatic Condition Setting of Materials Processing ICALEO［J］. Section C，1996，1~9.

[4] 金岡ほか. 厚板鋼板のレーザ切断特性と加工技術［J］．三菱電機技報，1993，30（67）：8.

[5] Kanaoka. Report on Current CO_2 Laser Application in Japan［J］. SPIE 1988，952：600~608.

[6] 金岡，古藤．CO_2レーザの切断品質とアシストガスに関する研究［C］．日本機械学会論文集（C 編），1993，59：350~356.

[7] 金岡．レーザ切断の現状　ツールエンジニア［J］．大河出版，2000，41（7）：36.

[8] 村井，金岡．（社）日本溶接学会　第 24 回高エネルギービーム加工委員会（1997）.

[9] 金岡．軟鋼厚板のレーザ切断面品質に関する研究［C］．日本機械学会論文集（C 編）1991，539：275~280.

[10] 秋山．緻密な酸化鉄成型体の熱伝導率［J］．鉄と鋼，1991：231~235.

[11] 藤川．下一代激光加工的节能技术［J］．一般社团法人 KEC 关西电子工业振兴中心——KEC 情报，NO. 212，26~36（2010 JAN）.